24 生物技术

科普通鉴

丛书主编　李建中
丛书副主编　谈朗玉　李大东　张令朝
本卷主编　杨生玉

KEPU TONGJIAN
SHENGWU JISHU

中国科学技术出版社
河南科学技术出版社

图书在版编目（CIP）数据

生物技术/杨生玉主编．—郑州：河南科学技术出版社，2013. 10
（科普通鉴/李建中主编）
ISBN 978 -7 -5349 -6510 -4

Ⅰ. ①生…　Ⅱ. ①杨…　Ⅲ. ①生物工程 - 普及读物　Ⅳ. ①Q81 -49

中国版本图书馆 CIP 数据核字（2013）第 209065 号

出版发行：中国科学技术出版社
地址：北京市海淀区中关村南大街 16 号　邮编：100081
电话：（010）62106522
网址：www. cspbooks. com. cn
河南科学技术出版社
地址：郑州市经五路 66 号　邮编：450002
电话：（0371）65737028
网址：www. hnstp. cn
策划编辑：李喜婷　冯　英
统筹编辑：尚伟民　蒋云鹏　徐　涛
责任编辑：杨秀芳
责任校对：崔春娟
封面设计：赵　钧
版式设计：赵玉霞
责任印制：朱　飞
印　　刷：郑州金秋彩色印务有限公司
经　　销：全国新华书店
幅面尺寸：185 mm × 260 mm　印张：13　字数：204 千字
版　　次：2013 年 10 月第 1 版　2013 年 10 月第 1 次印刷
定　　价：32. 00 元

《科普通鉴》丛书

《科普通鉴·生物技术》编委会

序

科技是人类智慧的伟大结晶，创新是文明进步的不竭动力。

回首文明历程，是科技之光涤荡了人类历史上蒙昧的阴霾，是科技之火点燃了人类心灵里求知的火焰，是科技之灯照亮了人类发展中光辉的前程。科学技术的每一次重大突破，每一项发明创造的诞生，都使人类对客观世界的认识发生质的飞跃，都使人类改造世界的能力得到革命性的提升。18 世纪后的几百年，是科学技术突飞猛进的历史时期。数学、物理、化学、天文学、地学和生物学等各个领域的研究均取得了空前成就，并引发了一次又一次重大理论革命，其中，最具划时代意义的莫过于牛顿力学、相对论和量子力学的创立。与此同时，深刻改变人类生存状态和生产、生活方式的发明创造也纷纷问世。在不计其数的发明、发现中，蒸汽机、电话、火车、汽车、医用 X 光片、青霉素、DNA 双螺旋结构、火箭、阿波罗 10 号太空舱、计算机等无疑是改变世界的重大发明、发现与创造。

放眼新的世纪，科技已经成为推动经济社会快速发展的主导力量和创造社会财富的主要源泉，成为国家间、区域间竞争的核心和推动未来发展的决定性力量。为了在竞争中取得优势地位，各国、各地区，特别是发达国家及地区都高度重视科技创新和发展。在此背景下，全球创新浪潮此起彼伏，科技发展日新月异，创新成果大量涌现。人类基因组序列图完成、细胞重新编程技术、人类最早祖先确定、宇宙存在暗物质的猜想被证实、干细胞研究的新进展、纳米技术研究的新突破、欧洲强子对撞机启动、人类探测器创最远纪录和七大数学难题之一——庞加莱猜想被证明等被认为是近十年来取得的最具科学价值，并可能对人类生存与发展产生重大影响的重大科技成就。

在人类文明的历史长河中，科学技术虽然得到了空前发展，取得了辉煌成就，但在前进的道路上依然有无数难题等待我们去破解，众多未知世界等待我们去认识。随着人口数量的急剧增加，自然资源的逐渐枯竭和生态环境的日益恶化，人类正面临前所未有的生存挑战和危机。毫无疑问，应对挑战、解决危机，只有依靠科技的不断创新与发展。在可以预见的未来，为了拓展生存空间，提高生存质量，必将掀起一场以信息科技革命为先导、新材料科技为基础、生命科技为核心、新能源科技为动力、海洋科技和航天科技为内拓和外延的新的科技创新浪潮。伴随新一轮科技创新浪潮的到来，新的发明创造也必将与日俱增。有科学家预言，未来百年，人体器官克隆再造、灭绝动物复活、战胜癌症、建造星际飞船和太空电梯等梦想可能变为现实。

当前，亿万中华儿女正在为实现中华民族伟大复兴的“中国梦”而努力奋斗。实现这一百年梦想，关键在于弘扬创新精神，增强创新能力，加快创新步伐，让科技之花在创新中萌芽，在创新中成长，在创新中绽放。

发达国家的经验昭示我们，加快科技创新，提高科技水平，既要依靠科技精英们的刻苦攻关，发明创造，也有赖于公民科学素质的普遍提高。有调查显示，我国公民的科学素质水平较发达国家差距甚大，与走中国特色的自主创新之路、建设创新型国家的要求相去甚远。为尽快提升我国公民的科学素质水平，从2006年起我国启动了旨在推动公民科学素质建设的全民科学素质行动计划，希望到2020年，公民科学素质在整体上有大幅度提高，达到世界主要发达国家21世纪初的水平。

科普图书是展示科学技术的重要窗口，是普及科技知识的重要载体，也是传播科技文明的重要途径。国内外都十分重视科普图书的创作出版。在琳琅满目的科普图书作品中，不乏影响深远的精品力作。这些作品为传播科技文明、普及科学知识做出了历史性贡献。时代在进步，科技在发展。紧跟时代步伐，把握科技动态，繁荣科普创作，不断创作出版符合时代特点、反映当代科技发展水平的科普图书精品，不仅是加强公民科学素质建设，提升公民科学素质的迫切要求，也是科技界有识之士的共同心声。

科学技术协会是新中国科普事业的主要开创者和推动者。在开展公民科学素质建设，提高公民科学素质水平的历史进程中，肩负着重要责任和神圣使命。我们组织编写的这部《科普通鉴》丛书既是履行“责任”和“使命”，也是对科技界有识之士呼声的积极响应。

20世纪中叶以来，科学技术进入了多科交叉、互为渗透、综合发展的历史时期，形成了学科林立、知识纷繁的新格局。面对浩如烟海的科学世界，如何确定这部书的编写原则和选题范围是应当首先解决的问题。经与有关专家学者反复研究论证，我们确定了“通览科技文明，鉴取创新精粹”的编写原则，并确定从理、工、农、医和高新科技五大领域中选取26个公众关注度较高的热点选题，按26卷组织编写这部丛书。

面向具有中等以上文化程度的青少年、农民、城镇劳动者、城市社区居民、领导干部和公务员等重点人群，弘扬科学精神，传播科学思想，倡导科学方法，普及科学知识是编写本书的出发点和根本目的。考虑到读者对象年龄、职业、身份的多样性和对知识需求的差异性，本书着重介绍具有基础性、通用性、新颖性和前瞻性的知识，读者可以根据自己的需求或兴趣进行阅读；在阐述方法上尽可能做到重点突出，脉络清晰，尽可能融入人文精神，体现人文情怀，避免科技知识的简单介绍和罗列；在语言风格上力求文笔流畅，深入浅出，生动活泼，雅俗共赏，以达引人入胜的效果。

选择高水平的主编是编好这部丛书的关键。为此，我们发挥科学技术协会学会众多，学科齐全，人才荟萃，联系广泛的优势，面向省内外征集各卷主编候选人。最后经全面比较，优中选优，确定了各卷主编人选，为本书的编写出版奠定了坚实基础。在此我们谨向为本书主编遴选、编写、出版给予大力支持的河南省医学会、气象学会、农学会、地理学会、地震学会、地质学会、机械工程学会、反邪教协会和省气象局、郑州大学、河南大学、河南农业大学、河南工业大学、河南科技大学、河南中医学院、河南科技学院、河南轻工业学院、《太空探索》杂志社、河南科技报社、河南科技活动中心、中国科学技术出版社、河南科学技术出版社等学（协）会和单位表示诚挚的感谢！

作为一部多达26卷的大型科普丛书，其涉及领域广，学科多。在内容上为了尽可能避免交叉重复或矛盾冲突，在体例和语言风格上为了尽可能保持相对统一，我们制订了较为详细的编写方案，对各卷的内容范围和全书的体例风格做了必要界定和规范。但是，由于我们学识水平有限，统筹协调不够，编写时间仓促，加之一些担任主编的同志是首次承担科普类作品的编写任务，缺乏相应经验，所以，虽然付出了大量心血，个别卷仍然存在内容取舍不够得当，语言风格不够生动活泼等问题。这些缺憾，我们将在再版重印时加以修订改进。诚恳希望广大读者对本丛书的修订改进提出宝贵意见和建议，以便再版时提高质量。

河南省科学技术协会主席、党组书记　李建中

2013年6月

目 录

引　言

21 世纪是生物学世纪，人们正在享受或期盼着现代生物技术所带来的甜蜜的果实。是的，随着支撑学科如分子生物学、细胞生物学、微生物学、免疫学、遗传学、生理学、系统生物学、化学、化工、计算机、微电子等学科的发展和成熟，生物技术作为一门多学科互相渗透的综合性学科，也得到了飞速的发展，涉及农业生物技术、环境生物技术、工业生物技术、医药生物技术与海洋生物技术，乃至空间生物技术等领域，并将在开发细胞制药厂、细胞计算机、生物太阳能技术等方面发挥关键作用。古老的酿造技术和近代的发酵技术只是利用现有的生物或生物机能为人类服务，而现代生物技术则是按照人们的意愿和需要创造全新的生物类型和生物机能，或者改造现有的生物类型和生物机能，包括改造人类自身，从而造福于人类。

生物技术是当今世界最具潜力和最富活力的科技领域之一，人类可持续发展所面临的粮食、营养、医疗、健康、能源、资源、环境等诸多问题的解决，将更多地依赖于生物技术的突破和应用。生物技术每前进一步，都将对经济与社会的发展带来深远影响，它是在基因工程、蛋白质工程、细胞工程、酶工程、发酵工程等先进的现代生物技术手段基础上产生和发展起来的，这些先进的现代生物技术手段构成了现代应用生物技术的重要内容。

近十几年来国际上生物技术的发展，概括起来，有以下几个明显趋向和特征：

（一）基因操作技术日新月异，不断完善，特别是基因转移技术、基因扩增技术、基因克隆技术、基因修饰技术等，并通过商业渠道，出售专项技术全套试剂，大力推广。目前，基因技术已经推广到基层，例如临床医生采用基因扩增技术诊断疑难病症。

（二）生物治疗突飞猛进。新型药物和疫苗已有20多种新产品投放市场，已产生巨大的经济和社会效益，并将面临医药工业的更新。

（三）转基因植物和动物有重大突破。通过转基因技术开发了抗虫、抗病、抗逆等农作物，如抗虫的棉花已经进入实用化阶段；培育转基因动物。采用新生物技术改造整个农业，估计到2030年能全面开展。

（四）人体基因组图谱成为国际间协作的一项重大科学研究课题，对开发新药提供了美好前景。

（五）基因治疗出乎意料地取得重大进展。自1990年基因治疗一例先天性免疫缺陷症以来，仅4年时间基因治疗的对象已很快扩展到治疗恶性肿瘤、艾滋病、乙型肝炎、心血管等严重疾病。估计在不久的将来，恶性肿瘤、艾滋病等严重疾病的防治可望有所突破。

目前生物技术，更多地用于医药。更美好的前景则是在农业方面。如杂交玉米的制种，不在农田里，而是直接操作玉米DNA进行。而且培育出抗病、高产或具有含油量高等特性的新品种。除节省费用、农田外，时间还大大缩短。从某种意义上来说，玉米已经不再是一种农产品了，遗传工程在农业上的普遍应用，将彻底改变农业的面貌。几千年农民“面朝黄土背朝天”的时代将一去不复返。

现代生物技术，是人类在建立实用生物技术中从必然王国走向自由王国、从等待大自然的恩赐转向主动向大自然索取的质的飞跃。

1　认识生物技术

生物技术（生物工程）属于当今国际上重要的高技术领域，被认为是21世纪科学技术的核心力量。随着现代应用生物技术在各个领域的深入发展，人们越来越多地采用多学科的方法来解决生产实践中的各种问题。现代各个领域，包括医药、农业、畜牧业、食品、化工、林业、环境保护、采矿冶金、材料、能源等领域，采用的现代生物技术手段是相通的。随着DNA重组技术和杂交瘤细胞工程技术的深入发展，人们越来越有可能采取先进的现代生物技术手段来解决生产、实践中的问题。现代应用生物技术所采用的先进生物技术手段包括基因工程、蛋白质工程、细胞工程、酶工程、发酵工程等新技术。利用这些先进的现代生物技术手段，人们就可以改造生物体，获得优良品质的动物、植物或微生物品系，加工生物体的某一部分或生物生长过程所能利用的物质，如淀粉、糖蜜、纤维素等有机物，也包括一些无机化学品甚至某些矿石，为人类生产出所需的产品，包括粮食、医药、食品、化工原料、能源、金属等各种产品，达到疾病的预防、诊断与治疗、环境污染的检测和治理等目的。这些领域的现代应用生物技术，必然对人类社会的政治、经济、军事等方面产生影响。

1.1　现代应用生物技术的内容

现代应用生物技术是在基因工程、蛋白质工程、细胞工程、酶工程、发酵工程等先进的现代生物技术手段基础上产生和发展起来的。这些先进的现代生物技术手段构成了现代应用生物技术的重要内容。图1－1表现了现代应用生物技术的范围和内容。

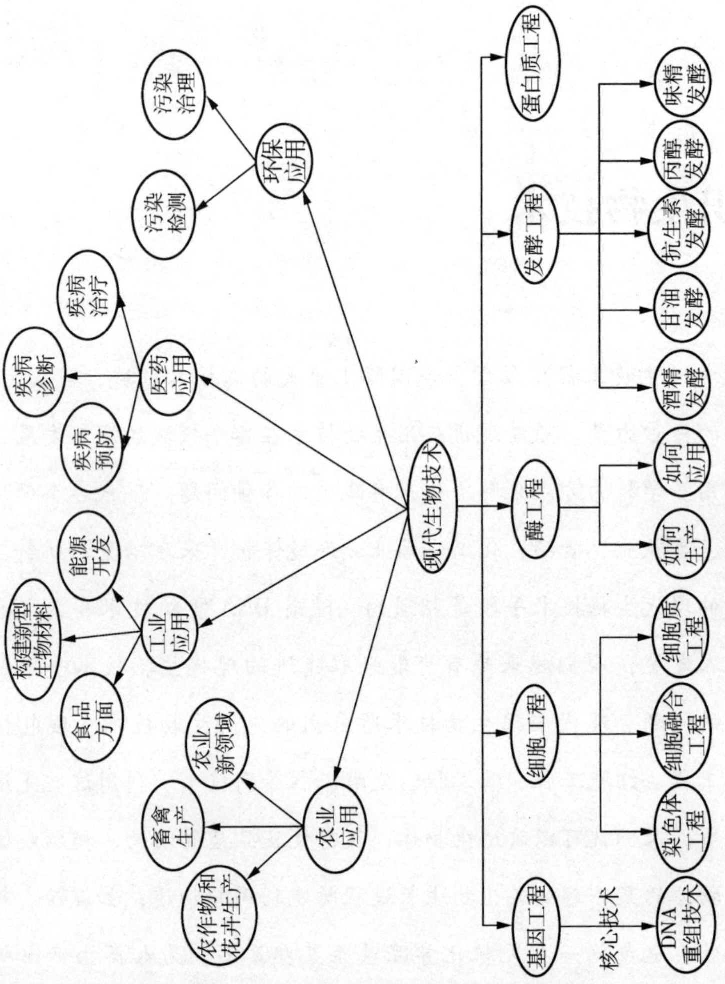

图 1-1 现代应用生物技术的范围和内容

基因工程，又叫作遗传工程，是对不同生物的遗传物质——基因，在体外进行剪切、组合和拼接，使遗传物质重新组合，然后通过质粒、噬菌体或病毒等载体转入微生物、植物或动物细胞内，进行无性繁殖，并使所需基因在细胞中表达，产生出人类所需要的产物或组建新的生物类型。这种创造新生物并给予新生物以特殊功能的过程就被称为基因工程，也被称作 DNA 重组技术。

蛋白质工程是指在基因工程的基础上，结合蛋白质物理化学及生物化学技术、计算机辅助设计等多学科的基础知识，通过对蛋白质分子结构的合理设计，再通过基因工程的手段生产出人类需要的具有更高生物活性或独特性质的蛋白质。

细胞工程包括细胞融合、细胞大规模培养以及植物组织培养快速繁殖技术。

细胞融合技术是指将两种不同类型的细胞，通过化学、生物或物理手段使之融合在一起，从而产生出同时具有两个亲本的遗传特性的新细胞。细胞大规模培养技术是以工业化生产为目的，从大量培养的细胞中获得药物或其他有用物质。植物组织培养快速繁殖技术是利用植物细胞的全能性由扩增的细胞分化再生成植株，这样就有可能用细胞器官和组织的再生苗来代替种子实生苗，无限地扩大繁殖系数。总之，细胞工程就是以细胞为基本单位，在体外条件下进行培养、繁殖，或人为地使细胞某些生物学特性按人们的意愿发生改变，从而达到改良生物品种和创造新品种，加速繁育动、植物个体或获得某种有用的物质的过程。

酶工程是指在一定的生物反应器中，利用酶的催化作用将相应的原料转化成有用物质的技术，包括酶的生产应用、酶和细胞的固定化以及酶的分子修饰技术。酶是生物体内产生的具有催化作用的蛋白质或 RNA，其催化效率是化学催化的千百倍或更高，而且是在常温、常压下进行，专一地催化某一反应。

发酵工程是利用微生物生长速度快、生长条件简单以及代谢过程特殊等特点，在合适条件下，通过现代工程技术手段，由微生物的某种特定功能生产出人类所需的产品，有时也称作微生物工程，包括菌种选育、菌体生产利用、代谢产物的生产利用以及微生物功能的利用技术。

以上五个方面的工程技术系统并不是各自独立的，它们彼此是相互联系、相辅相成的，其中基因工程技术是核心技术，占主导地位，能带动其他技术的发展。例如，通过基因工程对细菌或细胞改造后获得的工程菌或细胞，都必须分别通过发酵工程或细胞工程来生产有用的物质；又如，通过基因工程技术对酶进行改造以增加酶的产量、酶的稳定性以及提高酶的催化效率等。

现代应用生物技术以上述五种生物技术为核心内容，包括它们在各个应用领域中的具体应用。这些领域的广泛应用带来了经济上的巨大效益，各种与现代应用生物技术相关的企业大量涌现，应用生物技术产业被众多专家视为 21 世纪的朝阳产业。概括地说，现代应用生物技术产业可分为七个类型，包括疾病治疗，诊断试剂，农业、林业与园艺，食品，环境，化学品，设备等的现代应用生物技术产业。疾病治疗现代应用生物技术产业经营范围主要是用于控制人类疾病的医药产品，包括抗生素、生物药品、基因治疗等；诊断试剂现代应用生物技术产业主要经营范围是临床检测与诊断试剂，食品、环境与农业检测试剂；农业、林业与园艺现代应用生物技术产业主要经营范围是新的农作物或动物、肥料、杀虫剂等；食品现代应用生物技术产业主要经营范围是扩大食品、饮料及营养素的来源的产品；环境现代应用生物技术产业主要经营范围是废物处理、生物净化及新能源等；化学品现代应用生物技术产业主要经营范围是酶、脱氧核糖核酸/核糖核酸（DNA/RNA）及特殊化学品；设备类型的现代应用生物技术产业的主要经营范围是由现代应用生物技术生产的金属、生物反应器、计算机芯片及现代应用生物技术所使用的设备等。现代应用生物技术产业随着知识经济时代的来临而不断发展，成为高新技术领域重要的组成部分，现代应用生物技术及其产业与其他高新技术一样，具有"六高"的基本特征，即高效益，可带来高额利润；高智力，具有创造性和突破性；高投入，前期研究及开发需要大量的资金投入；高竞争，时效性的竞争非常激烈；高风险，由于竞争激烈，必然带来高风险；高势能，对国家的政治、经济、文化和社会发展有很大的影响，具有很强的渗透性、扩散性及很高的态势和潜在的能量。

1.2 世界应用生物技术的发展现状

当前，应用生物技术在全球范围内方兴未艾。生物技术和生命科学基础研究不断取得重大突破，为应用生物技术的创新奠定了坚实的理论基础。应用生物技术将形成巨大的产业，这种产业的雏形在世界范围内已逐渐形成。世界各国都逐渐将发展生物技术放到重要地位，特别是发展中国家，由于在传统工业技术领域与发达国家已形成较大差距，而今天，应用生物技术发展时期为发展中国家带来了新的机遇和挑战。目前，发达国家凭借着技术、资金、人才等优势，在生物技术研究领域总体上仍处于领先地位。美国将生物与医药产业作为新的经济增长点，政府的生物技术研究开发年费用高达 380 多亿美元，仅次于军事科学。英国、德国已通过立法，强化生命科学基础研究和生物技术企业的发展。日本提出了生物产业立国的发展思路。新加坡制定了 5 年跻身生物技术顶尖行列，把新加坡建成生命科学中心的目标。一些发展中国家也不甘落后，加紧研究对策、制定措施应对激烈的国际竞争。

自 DNA 重组技术于 1972 年诞生以来，作为现代应用生物技术核心的基因工程技术得到了飞速的发展。1982 年美国 Lilly 公司首先将重组胰岛素投放市场，标志着世界第一个基因工程药物的诞生。迄今为止，已有多种基因工程药物上市，近千种处于研发状态，形成了一个巨大的高新技术产业，将产生不可估量的社会效益和经济效益。生产基因工程药物的基本方法是：将目的基因用 DNA 重组的方法连接在载体上，然后将载体导入靶细胞（微生物、哺乳动物细胞或人体组织靶细胞），使目的基因在靶细胞中得到表达，最后将表达的目的蛋白质提纯及做成制剂，从而成为蛋白类药或疫苗。若目的基因直接在人体组织靶细胞内表达，就成为基因治疗，但目前尚没有基于基因治疗技术的药物被正式批准。

从各项指数，包括专利数量、创新能力、产业化程度及投资规模来看，美国的生物技术实力居世界领先水平。据统计，美国的生物技术公司已有约 2 000 家（包括 1 300 多家生物药物相关公司），其中有 300 多家已经上市，吸引了大量的投资。1997 年美国应用生物技术产业研发总投入 76 亿美元，销售总收入 174 亿美元，其中基因工程药物超过 60 亿美元。欧洲共有约 1 000 家生物技术公司，其中以英、德、法为主，1997 年研发总投入 18 亿美元，总收入 29. 8 亿美元。在这样的形势下，基因工程药物每年平均有 3 ~ 4 个新药或疫苗问世，开发成功的约 50 个药品已广泛应用于治疗癌症、肝炎、发育不良、糖尿病、囊状纤维变性和一些遗传病上，在很多领域特别是疑难病症上，取得了传统化学药物难以达到的效果。这是因为基因工程药物的研究与开发很多是以对疾病的分子水平上的认识为基础的，常常会产生令人惊讶的高疗效。基因工程制药行业的飞速发展是以对分子生物学等基础学科的突破，以及基因工程、细胞工程、发酵工程、酶工程和蛋白质工程等现代生物技术学科的高速进展为后盾的。开发活性蛋白创新药的成功率在临床前阶段为 15%，一期临床为 27%，二期临床为 40%，三期临床为 80%，注册登记为 90%，总体成功率大大高于化学药物。同时，蛋白类药物适应证的不断延伸也是蛋白类药物创新的一大特点。例如，集落刺激因子 G – CSF（rhG – CSF），1991 年上市时批的适应证是化疗并发中性粒细胞减少；到 1995 年止，又增加了骨髓移植、严重慢性中性粒细胞减少及外周血干细胞移植等适应证。因此，基因工程药物开发包括新品种和新适应证两个方面。

据统计，到1998年，有近400个生物技术药物处于不同的研究开发阶段，其中治疗肿瘤及相关疾病药物151种、传染病药物36种、艾滋病及相关疾病药物29种、心脏疾病药物28种、神经系统疾病药物26种、呼吸系统疾病药物20种、自身免疫性疾病药物19种、皮肤疾病药物14种、移植药物14种、糖尿病及相关疾病药物9种、血液疾病药物8种、生长发育障碍药物4种、不育症药物4种、眼部疾病药物3种，其他疾病药物22种。将正在开发的生物药按分子类别归类，数目较多的是单克隆抗体、疫苗、基因治疗、白介素、干扰素、生长因子、重组可溶性受体、反义药物和人生长激素等。广义地讲，这些新药都属于基因工程药物，因为基因工程制药过程集中了现代生物学、医学和药学最先进的技术设备方法。

基因工程制药产业的迅速发展，使许多专家预计到21世纪20年代，人类将走向信息时代后崭新的经济时代——生物经济时代。2001年全球生物技术公司总数已达4 284家，其中上市公司有622家，销售总额约为348亿美元，其中基因工程药物的销售额为250亿美元。从整个产业的分布情况看，生物技术公司主要集中在欧美，占全球总数的85%。美国的生物工程公司数量占全球生物工程公司总数的55%；2001年美国相关公司的销售额占全球销售总额的82%。最典型的是红细胞生长素（EPO），从1989年投入市场后，它已经为开发商安进公司带来了超过100亿美元的利润，也使得安进一跃成为全美最大的生物工程公司，总资产已高达161亿美元。

植物作为生产药用蛋白的生物反应器，为人类提供了一个更加安全和廉价的生产体系。与微生物发酵、动物细胞和转基因动物等生产系统相比，植物具有许多潜在的优势。这方面研究热点之一是植物被用来开发各种食用疫苗，如乙型肝炎表面抗原（HBsAg）已在烟草、番茄和马铃薯中表达。再比如在马铃薯中表达可引起腹泻的大肠杆菌热不稳定毒素B（LT－B）亚基基因，在用该转基因马铃薯饲喂小鼠后，成功地实现了口服免疫。另外一种诺沃克病毒外壳蛋白抗原（NVCP）也以类似的方式获得了表达。由此可以看出，转基因植物凸显了作为低成本疫苗生产系统的良好的发展前景，并且，这种技术尤其适用于许多发展中国家。植物是一种多样化、低成本和可再生的材料资源，生物技术的发展使人们进一步拓宽了植物的利用范围，国外在植物中采用这种分子农业的方法已成功地生产了越来越多的有用物质，其中包括一些高价值的药用蛋白多肽。

近年来，农业生物技术在世界范围内取得了飞速的发展，一批抗虫、抗病、耐除草剂和高产优质的农作物新品种培育成功。1999～2000 年度，全世界转基因谷物播种面积达到 4 420 万公顷，比上年度增加 11%。农业、环保和海洋生物技术将成为继医药作为生物技术的第一次浪潮之后的第二浪潮，生物技术产品在农业总产值中的比重将越来越大。目前，全世界共有 13 个国家允许播种转基因作物，它们是美国、阿根廷、加拿大、中国、南非、澳大利亚、罗马尼亚、墨西哥、保加利亚、西班牙、德国、法国和乌拉圭，进入田间试验的转基因植物已超过 500 多种。转基因植物研究开发取得了重大突破，应用转基因技术将有特殊经济价值的基因导入植物体内，从而获得高产、优质、抗病虫害的转基因农作物新品种，目前已取得重大突破。例如，生物技术研究人员将苏云金芽孢杆菌 Bt 毒素基因导入植物体内，获得了抗虫棉花、玉米、马铃薯等农作物新品种，并已进入大田试验，显示出良好的应用推广前景。基因引入改良品种，不仅可以培育出抗病虫害的新品种，还可以培育出经济价值较高的品种，转基因植物育种的潜在商业价值十分巨大，仅转基因小麦一项，估计世界年产值就可达数十亿美元。

目前，石油和煤炭是我们生活中的主要能源。然而，地球上的这些化石能源是不可再生的，也终将枯竭。生物能源是最有希望的新能源之一，其中以乙醇最有希望成为新的替代能源，研究人员希望找到一种特殊的微生物，这种微生物可以利用大量的农业废弃物如杂草、木屑、植物的秸秆等纤维素或木质素类物质或其他工业废弃物作为原料，同时改进生产工艺以提高乙醇得率，降低生产成本。生物技术还可用来提高石油的开采率，目前石油的一次采油，仅能开采储量的 30%，二次采油需加压、注水，也只能获得储量的 20%。深层石油由于吸附在岩石空隙间，难以开采。加入能分解蜡质的微生物后，利用微生物分解蜡质使石油流动性增加而获取石油，称之为三次采油。

传统的化学工业生产过程大多在高温高压下进行，改用生物技术方法来生产，不仅可以节约能源，还可以避免环境污染。现代农业以及石油、化工等现代工业的发展，开发了一大批天然或合成的有机化合物，如农药、石油及其化工产品、塑料、染料等工业产品，这些产品连同生产过程中大量排放的工业废水、废气、废物已给我们赖以生存的地球带来了严重的污染。目前已发现有致癌活性的污染物达1 100多种，严重威胁着人类健康。微生物对这些污染物具有惊人的降解能力，人们可以利用这些微生物净化有毒化合物、降解石油污染、清除有毒气体和恶臭物质、综合利用废水和废渣、处理有毒金属等作用，达到净化环境、保护环境、废物利用并获得新产品的目的。

现代应用生物技术的领域非常广泛，它对人类社会产生了巨大的影响，在农牧渔业、食品轻工业、医药卫生、能源工业、环境保护、冶金工业、化学工业等方面均有新兴应用生物技术产业的不断拓展和深入，这必然对人类社会生活的各个方面带来深远的影响。随着时间的推移，现代应用生物技术越来越显示出其在经济建设和社会发展中的重要作用，必将带来新的技术革命和应用浪潮。

1.3 我国应用生物技术的发展现状

20世纪80年代中期以来，我国应用生物技术发展迅速。涉及现代应用生物技术的企业约500家，从业人员近5万人，其中涉及医药应用生物技术的企业300多家，涉及农业应用生物技术企业200多家。由于国家高技术研究计划（“863”计划）、国家科技攻关计划和国家自然科学基金委员会都将生物技术作为优先发展领域予以重点支持，我国生物技术整体研究水平迅速提高，取得了一批高水平的研究成果。这些成就为我国现代应用生物技术产业的建立和发展提供了技术源泉。我国的现代应用生物技术总体水平在发展中国家中居于领先地位，少数领域已经进入国际先进行列。

现代应用生物技术作为当今最有前途的高新技术之一，是目前世界各国争相发展的领域。利用现代应用生物技术开发新型治疗药物更是当前最活跃和发展迅猛的领域，欧、美、日各国争相发展医药应用生物技术。这不仅是由于医药应用生物技术拥有巨大的市场和高利润的回报，更重要的是这些国家人民生活水平不断提高，人们对生活质量要求越来越高，形成了对医药卫生、保健等技术的越来越高的要求。中国的情况也不例外。近年来，我国医药应用生物技术迅速发展，人们对新药的需求不断增加，一个以现代应用生物高新技术为主的产业，日益发展壮大，并逐渐成为一个独立的新型产业。

改革开放以来，我国政府一直把医药应用生物技术产业作为重点建设行业来发展。早在“七五”期间就投入资金，建立基因工程国家重点实验室，立足于创新。这个时期代表性的产品是重组人干扰素 α1b，系从人脐血白细胞经 NDV－F 病毒诱生后，提取 mRNA，反转录成 DNA，构建质粒 PBV867，转化到大肠杆菌 N6405 株中表达成功。1989 年重组人干扰素 α1b 被批准为我国的基因工程新药，1993 年批准试生产，是我国第一个上市的基因工程药物，也是到目前为止唯一的我国自主研制成功的拥有自主知识产权的基因工程类新药。从此以后，我国基因工程制药产业从无到有，不断发展壮大，从“七五”末期到“八五”中期我国研究基因工程药物以仿制为主，进入临床试验阶段。20 世纪 90 年代以来，我国应用生物技术产业进入蓬勃发展的时期。这一阶段，许多仿制产品已步入工业化生产阶段，如 HGH，rhuIFNα2b，EPO 等；重复研制的产品也将进入试生产，如 rhuIFNα2a，rhuIL－2 等；重复引进的产品有粒细胞集落刺激因子（G－CSF）、巨噬细胞粒细胞集落刺激因子（GM－CSF）、红细胞生成素（EPO）、重组人干扰素 α2b（rhuIFNα2b）等。基因治疗、基因诊断和人类基因组计划也在这个时期同时启动。我国基因工程药物产品的品种从无到有，如 rhu IFNα1b，rhu IFNα2a，rhu IFNα2b，rhu IFN Y，rhu IL－2，rhu G－CSF，rhu GM－CSF，rhu EPO，HGH，b FGF，rSK，基因重组乙肝疫苗、Insulin、新型IL－2，EGF，rSAK，rhuIL－6，rhuIL－11，rhuIL－12，TNF 衍生物，TPO，NGF，UK，SCF，Albumin 和水蛭素等。

我国医药应用生物技术产业规模与美国相比差距很大。1998 年，我国基因工程药物和疫苗销售额为 7.2 亿元人民币，还不到 1 亿美元，而 1996 年美国 Amgen 公司的两个主要产品 Neupgen（G－CSF）和 Epogen（EPO）销售额均达到 10 亿美元。从上市品种看，1998 年，我国有 15 种基因工程药物和疫苗获准上市，美国上市的现代应用生物技术新药物（主要是基因工程药物）共 53 种。我国基因工程药物上市时间较美国同品种基因工程药物上市时间晚 5～10 年。同时，我国基因工程药物同种产品生产厂家过多，造成市场恶性竞争，严重影响产业的健康发展。基因工程药物临床应用剂量一般都很小（微克级），通常2~3个厂家满负荷生产就能满足全国市场需要。我国研制上市的和在研的新药绝大部分是仿制国外的，创新药物很少，已批准的基因工程药物和疫苗中，只有干扰素α1b拥有自主知识产权。正在研究中的现代应用生物技术新药中，绝大多数是国外进入二、三期临床后我国开始跟踪研制的。我国新药研究开发缺乏创新和低水平重复是导致医药产业重复生产的源头。我国必须进一步完善新药审批制度和专利制度，从制度上鼓励创新，切实保护创新者的知识产权，避免重复生产。

基因工程制药产业是典型的技术密集型产业，具有高投入、高风险、高收益的特点。发展资金不足已成为基因工程制药产业发展的巨大障碍因素。我国正在借鉴国外利用风险投资发展高技术产业的成功经验，制定有关法规政策，积极稳妥地启动风险投资。我国基因工程制药产业起步较晚，但是起点相对较高，许多企业的关键性设备都是从国外进口。然而，在经营管理上与国外相比还有较大差距。基因工程制药企业作为典型的技术密集型高技术企业，如何培养和造就高素质的技术兼经营型人才已成为我国现代应用生物技术制药行业急需解决的问题。

我国农业应用生物技术成就十分显著，特别是我国首创的杂交水稻技术已经推广到20多个国家。在此基础上，我国的超级杂交稻研究又取得了新的突破，每公顷产量突破了12吨，国际上提出的超级稻指标首先在我国实现。同时，我国是世界上第二个有转基因抗虫棉花自主知识产权的国家。我国20世纪80年代中期开始将现代应用生物技术列入高技术发展计划，即“863”计划。我国正在研究的转基因植物种类达47种，涉及各类基因103个。目前在我国有6种转基因植物被批准进行商业化生产，这6种批准商业化生产的植物包括：华中农业大学的转基因耐储藏番茄，北京大学的转查尔酮合成酶基因矮牵牛、抗病毒甜椒、抗病毒番茄，中国农业科学研究院的抗虫棉花和在河北省商品化生产的美国孟山都公司保铃棉花。其中，国产的抗虫棉目前已累计推广150万亩。1998年，我国第一家专门从事农作物转基因开发公司在深圳成立，标志着我国农业基因工程的研究和开发在市场经济的道路上又迈了一大步。在畜牧业方面，我国学者用新鲜胚胎已在牛、羊、猪等家畜上移植成功，冷冻胚胎移植技术用于牛、绵羊、山羊和家兔等，并开始实现产业化。试管牛、羊相继问世，克隆牛、羊也获成功。在胚胎分割技术上，半胚胎牛、半胚胎羊和四胚胎牛已生育后代。转基因猪的遗传转化率达2.98%。此外还培育出鲤鲫核质杂交鱼 F_3 代，转基因镜鱼、鲫鱼等也已用于生产。

生命科学与生物技术是我国科技发展的优先领域。我国已具备了现代应用生物技术方面研究开发的良好基础。在现代应用生物技术研究开发方面已经形成了一支比较精干的队伍，在人类基因组、水稻基因组、动植物转基因技术、现代应用生物技术药物的研制、基因治疗技术等方面不断取得重大突破；从事现代应用生物技术产品开发的企业不断涌现。近年来，现代应用生物技术产业的年均增长率一直保持在20%以上。为了进一步加速我国现代应用生物技术及其产业的发展，国家已制定了今后5~10年发展规划和相关政策，明确了发展目标和重点领域。我国发展现代应用生物技术的基本方针是：加强源头创新，重视集成应用，大力推进产业，确保生物安全，实现跨越发展。我国发展现代应用生物技术的重点领域主要包括：农业应用生物技术、医药应用生物技术、环保应用生物技术、生物多样性保护、生物安全和生命科学相关的基础研究。我国加速现代应用生物技术及其产业发展的措施主要有：一是切实加强技术创新，保护知识产权。我国将重点加强现代应用生物技术基础理论与方法的研究，研究开发有自主知识产权的新技术与新产品。二是加速现代应用生物技术产业化。既要重视现代应用生物技术产品的开发，发展现代应用生物技术新兴产业，又要重视用现代应用生物技术去改造和提升农业等传统产业，提高传统产业的质量和效益。三是建立健全生物安全评价保障体系，切实保障生物安全。在加速现代应用生物技术及其产业发展的同时，既要发挥现代应用生物技术给经济发展和社会进步带来的好处与利益，又要十分关注现代应用生物技术在人类伦理道德、环境、生物安全等方面所引起的新问题。研究制定生物安全的政策和法规，建立健全农业、环保、食品、进出口检疫等领域生物安全的技术评价标准，评估体系。四是加强生物资源的保护和开发利用。我国是一个生物资源十分丰富的国家，我们要充分发挥资源优势，发展有特色的现代应用生物技术及其产品。同时，要加强对生物资源，特别是生物多样性的保护，进一步提高对生物资源利用与保护的力度。完善生物资源管理的法规和制度，并建立和健全国家生物资源的收集、整理、保藏与利用体系。

1.4 现代应用生物技术展望

现代应用生物技术越来越显示了对相关领域的重要性，特别是人类基因组的研究进展，对医药的研究开发产生了重大的影响。现代应用生物技术产业是最具影响的高新技术新兴产业带，是最有生命力的经济增长链。现代应用生物技术和新药开发、疾病预防、农业中的品种改良、生态系统恢复、生物多样性的保护、生物资源的可持续利用等众多与人类生活息息相关的领域有着密切的联系。

在基因改良农作物方面，自1996年第一个转基因农作物上市以来，美国转基因作物种植面积从150万公顷扩大到2002年的3 900万公顷，约占世界种植总面积的66%，是转基因作物的最大产地和市场。转基因作物种类繁多，但最主要的还是转基因大豆作物，其种植面积达2 420万公顷；其次是玉米（1 280万公顷）和棉花（410万公顷）。一方面，转基因作物的种植面积在逐年增加；另一方面，转基因作物相对于传统农作物的种植比率也在逐渐增加。这表明农户对转基因作物的接受度也在逐渐增强。此外，转基因甜菜、南瓜及木瓜等也是美国普遍种植的作物，其中50%以上属于转基因的抗病毒品种。现代应用生物技术杀虫剂则约占农业应用生物技术市场的15.7%，2010年市场达2.9亿美元，年增长率为6.1%。现代应用生物技术产业的增长率急剧上升的原因是在人类重组DNA疫苗、转基因抗病虫害作用、经济动物性别筛选方法等领域，现代应用生物技术创新及现代应用生物技术新产品层出不穷。2010年，美国现代应用生物技术产品中，现代应用生物技术农业及特殊用途化工产业的销售额达66亿美元。2003年，在美国问卷调查的1 031家企业中，有128（占12%）家现代应用生物技术企业从事与农业应用生物技术相关的活动，其中63%的企业从事与植物及种苗相关的研究，41%的企业进行与家畜相关的研究，而进行水产相关研究的占16%。这些农业应用生物技术企业的研究经费投入相当高，平均占净销售额的34.2%。农业应用生物技术企业对研究的大规模资金投入反过来又推动了农业应用生物技术的长足进步。这样，二者相辅相成、相互推动，形成良性循环，为农业应用生物技术的发展开辟了广阔的前景。

转基因作物的发展有明显造福人类的一面，但也具有潜在的危险性。研究人员对现代应用生物技术潜在生物学和生态学危险提出了许多问题。例如，转基因作物由于具备抗虫、抗除草剂等性状，其自身可能成为杂草；抗病毒作物的基因可能与其他病毒重组，而产生超级病毒；以及对生物多样性的影响等。我国政府十分重视生物安全问题，在全球环境基金和联合国环境规划署的支持下，我国已完成了《生物安全国家框架》的编制。通过《生物安全国家框架》的编制，确定了生物安全领域的立法计划、管理措施以及有关管理模式，并提出风险评估、监测及加强生物安全科研等措施。我国科学家夏敬源等 1999 年在《棉花学报》上发表文章，对种植的转基因抗虫棉进行监测。研究人员得到的结果是正反效果都有，在反效果方面报道有转基因抗虫棉对优势寄生性天敌有严重的危害。慎重对待转基因作物的大面积推广，加强对生物安全研究的投资，跟踪对已批准商品化种植的转基因作物的监测，开展国际合作，对推动现代应用生物技术健康的发展、有效地保护生物多样性和人类健康都是有益的。

现代应用生物技术药物将成为 21 世纪制药产业的支柱。目前与现代应用生物技术制药直接相关的最新领域包括：组合化学、药物基因、蛋白质组学、基因治疗、功能抗原学、生物信息学、高通量筛选和基因组学等。这些技术都将在不久的将来对现代应用生物技术制药产业产生决定性的影响。1997 年，HGS 公司宣布申请第一个由基因组学而发现的蛋白候选药——骨髓前体细胞抑制因子Ⅰ（MPIF－Ⅰ）应用于临床，用于使癌症病人能接受更高强度的化疗。该候选药的发现即是综合了基因组学、生物信息学和高通量筛选的典型范例。

现代应用生物技术的发展受到了各方面人士的普遍关注，更有许多专家将 21 世纪称为生命科学的世纪，将现代应用生物技术产业称为 21 世纪朝阳产业。一方面是由于现代应用生物技术发展迅速，用途广泛；另一方面是由于现代应用生物技术具有其他技术所无法比拟的优越性。现代应用生物技术制药是现代医药行业中发展最快的部分，目前在现代应用生物技术医药行业中发展势头强劲的是与基因相关的产业，国际上在这方面投资增长很快。农业应用生物技术的推广令人关注，以转基因植物为主。轻工食品行业不断利用现代应用生物技术开发多种新产品。其他现代应用生物技术产品中，有利用现代应用生物技术开发的生物化工新产品，有环境保护和治理所使用的现代应用生物技术及制品，还有利用现代应用生物技术提取稀有矿物质等。我国把发展现代应用生物技术领域的研究作为国家高技术研究和发展计划的重点资助领域，正在进行的现代应用生物技术研究与开发包括了基因工程药物、重组疫苗、抗体工程、蛋白质工程、转基因动植物、农业微生物工程、疾病的生物技术治疗等方面。这些项目实施以来，已经取得了令人瞩目的成就。只要在经营管理、经费投入、设备更新、人员培养等方面下大力气，发挥基础学科方面及人才方面的传统优势，奋起直追，中国应该也完全能够抓住这一难得的机遇，成为世界性的现代应用生物技术产业强国。

2　基因工程与蛋白质工程

在很多人看来，基因工程和蛋白质工程神秘莫测且很高端。转基因抗虫害玉米、转基因鲑鱼、转基因大豆油等，这些都是基因工程的产物。我们不禁要问，这些技术到底是什么？又是如何做到的？有什么潜在危害吗？有人说转基因食品对人体健康有害或隐藏着未来可能暴发的某些不可预知的疾病，有人支持用转基因技术来解决全球人类温饱的大问题。为什么人们会对这些看似“正常”的东西投以“不正常”的目光？这些在十年前还几乎闻所未闻的词汇现如今成为人们关注的焦点，它们涉及的研究内容就是神秘的基因工程与蛋白质工程。

2.1　神秘的基因

基因，到底是什么呢?“基因”这个概念是随着科学的发展而提出的。1866年，遗传学的始祖孟德尔，根据在布尔诺的奥古斯丁教派修道院的菜园里做豌豆杂交实验的结果，发表了《植物杂交试验》论文，将控制豌豆性状的遗传因素称为遗传因子，解释了豌豆杂交的遗传现象。34年后的1900年，荷兰的弗里斯、德国的柯伦思和奥地利的切尔迈克等植物学家重新发现了孟德尔的研究成果。1909年，丹麦生物学家约翰森创造了“基因”一词来代替孟德尔的遗传因子。

1910年，美国著名的遗传学家摩尔根和他的学生，利用果蝇做了大量潜心研究，创立了遗传的染色体理论，认为基因是一粒一粒地在染色体上呈直线排列的，且互不重叠，就像连在线上的佛珠一样。1944年，科学家证实遗传的物质基础是DNA，基因就是一段具有一定功能的DNA片段，是控制生物性状的基本遗传单位。1953年，美国生物学家沃森和英国克里克提出了DNA双螺旋结构模型（图 2－1），认为 DNA 是一个由两条序列互补的单核苷酸链构成的，基本构成单元叫核苷酸。

图 2－1　沃森和克里克研究的 DNA 双螺旋结构

20 世纪 70 年代以后，研究人员陆续发现了断裂基因、重叠基因、跳跃基因，使人们对基因的认识进一步深化，发现基因是不连续的、可以重叠的。

2.2　基因工程粉墨登场

随着科学技术的发展，基因工程在 20 世纪 70 年代问世了。基因工程，也叫基因操作或 DNA 重组技术，它是一项将生物的某个基因通过基因载体运送到另一种生物的活性细胞中，并使之无性繁殖和行使正常功能，从而创造生物新品种或新物种的遗传学技术。它的出现开启了生命科学的新时代，使人类能够按照自己的意愿改造和创建新物种。

1972 年，美国生物学家伯格领导的研究小组在体外对一种猿猴病毒的 DNA 和一种噬菌体的 DNA 分别进行切断，然后再将两种片段连接起来，结果获得了包含病毒和噬菌体的 DNA 片段的重组的杂种 DNA 分子，这是世界上第一次成功的 DNA 体外重组实验，被认为是基因工程的开端事件。

基因工程技术还在随着生命科学研究的发展而不断创新，具有越来越强大的生命力。

1972 年，第一个重组 DNA 分子产生后，人们就开始关注重组 DNA 的潜在危险性（图 2 - 2）。1976 年，美国国家卫生研究院制定并正式公布了《重组 DNA 研究准则》，对基因工程研究制定了许多具体的规定条文，从多方面对基因工程研究制定了一些限制措施。在实验安全防护方面，明确规定了基因工程研究场所的条件要求，对实验室的防护级别做出明确的规定。

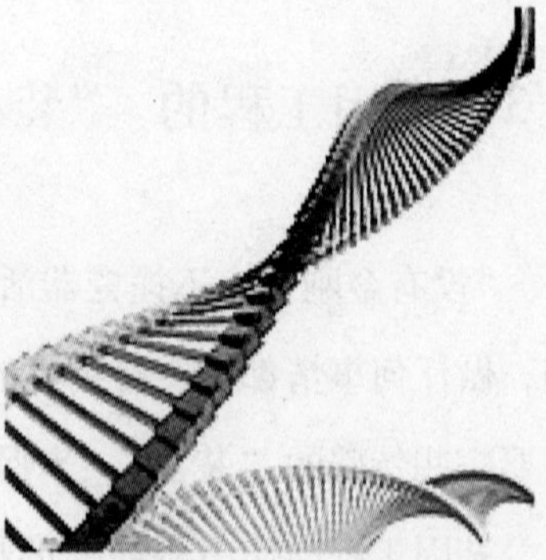

图 2 - 2 DNA 分子

通过基因工程技术，把来自不同生物的外源 DNA 插入到载体分子上形成 DNA 重组体，重组体可以导入寄主细胞进行增殖，并在宿主体内表达形成蛋白质分子。因此，基因工程也称作重组 DNA 技术、基因操作技术、基因克隆或 DNA 分子克隆。

概括起来，基因工程的基本操作步骤如下：①分离获得目的基因 DNA 片段；②在体外，将目的基因连接到载体分子中，形成 DNA 重组体；③将重组 DNA 分子转移到适当的受体宿主细胞中，并与之一起增殖；④从大量的受体细胞中筛选出获得了重组 DNA 分子的受体细胞克隆；⑤从筛选出的受体细胞克隆中提取出已经得到扩增的目的基因，供进一步分析研究使用；⑥将目的基因克隆到表达载体上，导入受体细胞，使之在新的遗传背景下实现功能表达，产生出人类所需要的物质。

在经过一段时间以后，人们发现有关基因工程研究工作的危险性没有想象的那么严重，因而在 1979 年及 1981 年分别对基因工程研究中的重组 DNA 研究准则做了一些修改。之后又多次放宽限制。目前来看，只要重组 DNA 的实验规模不大，不向自然界传播，基因工程的危害性是有限的。但是也不是说重组 DNA 研究已不具有任何潜在的危险性了。任何负责任的研究人员，在任何时候都应该对基因工程研究的安全性保持高度警惕。

2.3 基因工程的“装备”

“没有金刚钻，不揽瓷器活”“工欲善其事，必先利其器”。这些谚语告诉我们，做任何事情都需要有精良的“装备”。基因工程也不例外，在操作过程中也需要一些特殊的“装备”，来保证工作的顺利开展。

基因工程操作中所需要的特殊“装备”称为工具酶和载体。因为基因工程的实质是核苷酸链的切断和连接，所以基因工程所涉及的工具酶主要有三种类型，分别是限制性内切酶、连接酶和各种修饰酶。通过基因工程手段构建的新的DNA片段需要在一个特殊的运输工具的帮助下，从一个物种中转移到另一个物种中，这个“特殊的运输工具”就是载体。

限制性内切酶就像一把“剪刀”，将所需的基因片段“剪下来”，人们将它称为分子生物学家的一把“天赐神刀”。到目前为止，已从生物体中分离出2 300种以上的核酸内切酶。

DNA连接酶就像“针线”，将由限制性内切酶“剪下来”的基因片段连接起来。它是在体外构建重组DNA分子所必不可少的基本工具酶，它可以将两个被限制酶切割形成的DNA片段连接起来，形成一个新的DNA片段。应用DNA连接酶这种特性，可在体外将DNA片段连接到适当的载体分子上，从而构建新的DNA杂种分子。

修饰酶主要包括DNA聚合酶、核酸酶等。DNA聚合酶是负责DNA复制合成的关键酶，是以DNA为模板，复制合成一条与模板完全一样的新的DNA片段。核酸酶是一种核苷酸分解酶，可以将结构不稳定的单链核苷酸分解掉。

基因工程的工具酶为基因的分离、重组、修饰、突变提供了必要的手段。随着越来越多的酶分子被发现，工具酶的数量和用途在不断增加。这些技术的进展不仅简化了分子克隆的操作过程，而且拓宽了人们的研究领域。

将外源DNA片段带入宿主细胞并进行复制的运输工具称为载体。载体含有在宿主细胞内进行DNA复制的起点（复制起始子），可以自主复制。载体通常是由质粒、病毒或一段染色体DNA改造而成。基因载体的基本要求：①能自主复制；②具有 1～2 个筛选标记；③具有一种或多种限制性内切酶的单一切割位点，并在位点中插入外源基因后，不影响其复制功能；④除保留必要序列外，载体尽可能小，便于导入细胞进行繁殖；⑤克隆载体必须是安全的，不应含有对受体细胞有害的基因，并且不会任意转入其他生物细胞，只会在有限范围的宿主中存在，不与宿主基因组发生重组，不发生转移，不产生有害性状，不能离开宿主细胞而生存。现用的载体都是通过改造构建而成的。

载体这个运输工具主要有质粒载体、病毒载体、噬菌体载体及人工染色体载体等几种类型。

1）质粒是细菌中所含有的一种能自主复制的遗传因子，一般为闭合环状 DNA 分子，是最常用的一种基因工程载体。一种质粒在一个细菌细胞中存在的数目，称为质粒的拷贝数。根据宿主细胞所含质粒拷贝数的多少，可把质粒分成两种不同的类型。一种类型是低拷贝数质粒，此类质粒在每个宿主细胞中仅含有 1～3 份拷贝；另一种类型是高拷贝数质粒，这类质粒在每个宿主细胞中可达 10～60 份拷贝。绝大多数的质粒载体都是使用抗生素抗性标记，而且主要集中在四环素抗性、氨苄青霉素抗性、链霉素抗性以及卡那霉素抗性等少数几种抗生素抗性标记上。

质粒载体可用于简便、快速、大量地制备某些克隆的 DNA 片段。早期改建的一些人工质粒大多来源于大肠杆菌的天然质粒。1977 年，玻利瓦尔等构建了 pBR322 质粒，多年来被广泛采用并经改进，产生了更多更实用的质粒载体，如 pUC 系列、pGEM 等。这些载体多已商品化，可从国内、外市场购得。

2）病毒主要由 DNA（或 RNA）和外壳蛋白组成，经包装后成为病毒颗粒。通过感染，病毒颗粒进入宿主细胞，利用宿主细胞的合成系统进行 DNA（或 RNA）复制和外壳蛋白的合成，实现病毒颗粒的增殖。人们利用这些性质构建了适用于不同生物的病毒克隆载体。专门感染细菌的病毒称为噬菌体，由此构建的克隆载体则称为噬菌体克隆载体。噬菌体作为载体，可插入长 10～20 kb 甚至更大的一些外源 DNA 片段。又由于噬菌体有较高的增殖能力，有利于目的基因的扩增，从而成为当前基因工程研究的重要载体之一。

3）人工染色体载体含有能在第一宿主中正常复制的复制起始位点，还含有在第二宿主细胞染色体 DNA 着丝点、端粒和复制起始位点的序列，以及合适的选择标记基因。这样的克隆载体在第一宿主细胞内可以按质粒复制形式进行高拷贝复制。这种克隆载体在体外与目的 DNA 片段重组后，转化第二宿主细胞，可在转化的细胞内按染色体 DNA 复制的形式进行复制和传递。在成功构建酵母人工染色体的基础上，进一步构建了人类人工染色体(HAC)和哺乳动物人工染色体(MAC)。

2.4 基因的体外重组和克隆

获得了目的基因和适当的基因载体之后，基因工程的下一步工作是 DNA 的体外重组，即如何将目的基因与载体连接在一起。所谓基因重组，就是用工具酶切割和修饰载体 DNA 和目的基因，然后将两者连接起来，使目的基因插入可以自我复制的载体内，再转入特定的受体细胞，使外源性的目的基因在受体细胞内得到正确表达，改变受体生物的性状和功能，创造出适合人类需要的新生物。

为了将目的基因重组于载体分子之中，需要将载体 DNA 和目的基因分别进行适当处理，使其可以互相连接，形成新的重组分子。一般采用内切酶法将载体 DNA 分子切割成可与外源基因连接的线状分子。载体 DNA 通常有着许多酶切位点，但是并不是所有的酶切位点都可用于重组切割，理想的重组酶切位点应符合以下两个条件：①载体上的特定酶切位点尽可能的少，最好是单一酶切位点，这样才能保证目的基因和载体 DNA 以最高的概率正确组合。②在酶切位点之前要有一个较强的启动子，使插入的目的基因可在该启动子的指导下高效表达。从而可能使外源基因的表达，有利于目的基因产物的收获和提取（图 2－3）。

目的基因的切割和修饰，除了使其适合与载体 DNA 连接外，还必须考虑目的基因插入载体后与载体启动子之间的距离，务必使目的基因在转录时处于正确的阅读框架之中，以便表达出原有的多肽序列。

现在，人们能够在体外直接操作基因，改造其遗传特性，使基因在不同个体，甚至在不同的生物种属之间的转移成为现实。这为某些遗传疾病的治疗和新品种的培育提供了前所未有的可能性，从而为人类健康、农业增产，以及控制和改造整个地球上的生物界展现了无限广阔的美好前景。来自供体的目的基因被转入受体细菌后，可进行基因产物的表达，从而获得用一般方法难以获得的产品。

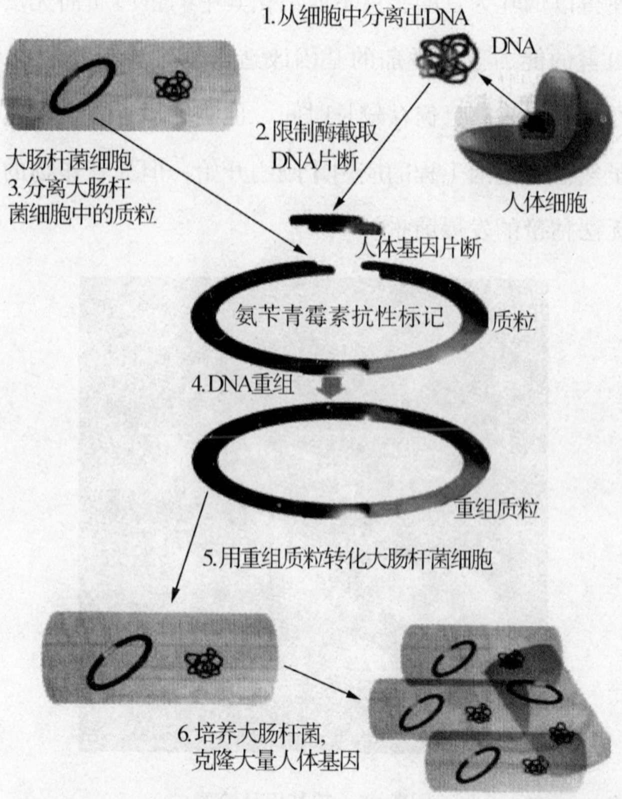

图2-3　将目的基因克隆到大肠杆菌细胞中的操作步骤

如胰岛素、干扰素、乙型肝炎疫苗等都是通过以相应基因与大肠杆菌或酵母菌的基因重组而大量生产的（图2-4）。

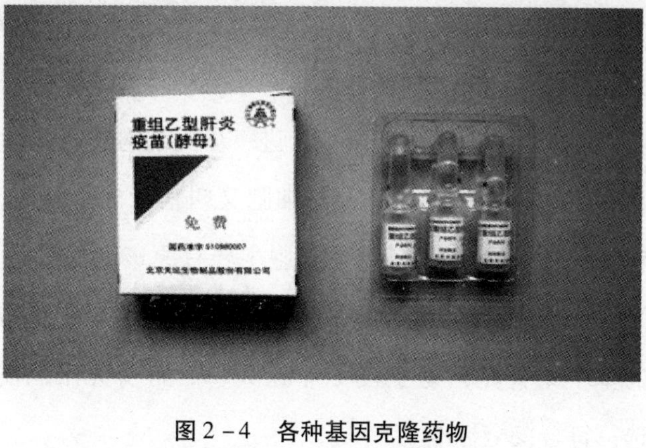

图2-4　各种基因克隆药物

基因工程在农作物应用中，成功地对马铃薯进行了改造，使其获得了抗病毒基因的同时也得到了高蛋白质含量（图2-5）。把一个蛋白水解酶抑制剂基因引入烟草之后，使得以烟叶为食的害虫不能消化其中的蛋白质而无法繁殖，从而使烟草获得了抗虫害的能力。对番茄的基因改造得到了比较不易软化和擦伤的品种，使其可以在成熟后收获且保存较长时间，也避免了过去在成熟前收获而口味不好的缺点。虽然植物基因工程的应用才刚刚开始，但为农作物的大量增产和品种改造提供了无法估量的发展前景。

图 2-5 转基因马铃薯

2.5 基因转移与重组体的检测

外源目的基因与载体在体外连接重组后形成重组 DNA 分子，该重组 DNA 分子必须导入适宜的受体细胞中才能使外源目的基因得以大量扩增或表达。从低等的原核生物细胞，到简单的真核生物细胞，进一步到结构复杂的高等动、植物细胞都可以作为基因工程的受体细胞。受体细胞又叫宿（寄）主细胞，是能摄取外源 DNA 并使其稳定维持的细胞。受体细胞主要有原核受体细胞（最主要是大肠杆菌）、真核受体细胞（最主要是酵母菌）、动物细胞和昆虫细胞等。

宿主细胞的基本条件是：易于接受外源 DNA；自身无限制酶和重组能力；易于生长和筛选；符合安全标准。

因为外源基因与载体构成的重组 DNA 分子性质不同以及受体细胞不同，所以重组体 DNA 分子导入细胞的方法也不同。大体上可划分为以下几种方法：①转化，是将重组质粒导入受体细菌细胞，使受体菌遗传性状发生改变的方法；②转染，是将携带外源基因的病毒感染受体细胞的方法；③微注射技术，是将外源基因直接注射到真核细胞内的方法；④电转化法；⑤基因枪技术（图 2－6）；⑥脂质体介导法；⑦其他方法，如快速冷冻法、碳化硅纤维介导法等。

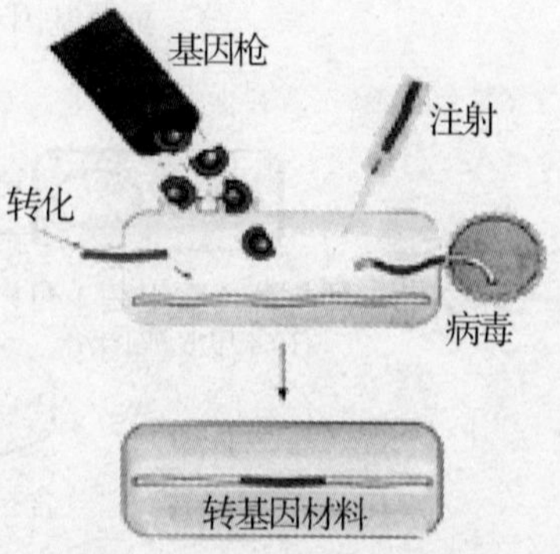

图 2－6　基因枪技术

2.6　重组体克隆的筛选与鉴定

在重组 DNA 分子的转化、转染或转导过程中，并非所有的受体细胞都能被导入重组 DNA 分子，而是仅有少数重组 DNA 分子能进入受体细胞，同时也只有极少数的受体细胞在吸纳重组 DNA 分子之后能良好增殖。以重组质粒对大肠杆菌的转化为例，假如受体菌细胞数为 10^8，转化效率为 10^{-6}，则只有 100 个受体细胞真正被转化，并且它们是与其他大量未被转化的受体菌细胞混杂在一起。再者，在这些被转化的受体细胞中，除部分含有我们所期待的重组 DNA 分子外，另外一些还可能是由于载体自身或一个载体与多个外源 DNA 片段形成的非期待 DNA 分子导入所致。因此，如何将这 100 个被转化细胞从大量受体菌细胞中初步筛选出来，然后进一步检测到含有期待重组 DNA 分子的克隆子将直接关系到基因克隆和表达的效果，也是基因工程操作中极为重要的环节。

常用的筛选方法有遗传检测法、物理检测法、核酸杂交筛选法、免疫化学检测法、DNA－蛋白质筛选法和转译筛选法（图 2－7）。

2.7　目的基因在生物中的表达

要将 DNA 重组技术应用于生物技术领域，首要任务就是要将人们克隆的目

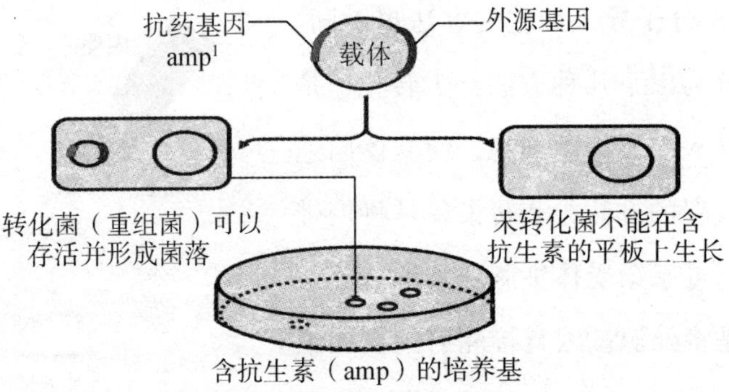

图 2－7　重组体的筛选

的基因在一个选定的宿主系统中表达。目前应用最广泛的是原核生物基因表达系统，如大肠杆菌表达系统、芽孢杆菌表达系统、链霉菌表达系统和蓝藻表达系统等。随着基因工程技术的发展，越来越多的原核生物也被用作外源基因表达系统。原核生物作为基因表达系统的受体细胞具有如下特点：①原核生物大多数为单细胞异养，生长快，代谢易于控制，可通过发酵迅速获得大量基因表达产物。②基因组结构简单，便于基因操作和分析。③多数原核生物细胞内含有质粒或噬菌体，便于构建相应的表达载体。④生理代谢途径及基因表达调控机制比较清楚。⑤不具备真核生物的蛋白质加工系统，表达产物无特定的空间构象。⑥内源蛋白酶会降解表达的外源蛋白，造成表达产物的不稳定性。

但是在细菌中合成的真核生物蛋白质由于翻译后加工过程的缺陷可能导致产物失去生物活性，因此，人们构建了真核细胞表达系统用于生产药用蛋白质。现在人们已研制出了能在酵母、昆虫和哺乳动物等真核细胞中表达的表达系统。

2.8　蛋白质工程

蛋白质工程，是指在基因工程的基础上，结合蛋白质结晶学、计算机辅助设计和蛋白质化学等多学科的基础知识，以蛋白质分子的结构规律及其生物功能的关系作为基础，通过化学、物理和分子生物学的手段，通过对特定基因的修饰和基因合成的，改造现有蛋白质，设计、构建新型的蛋白质分子，以生产出能满足人类需要的新型蛋白质。

蛋白质是一切生命活动存在的物质基础和唯一形式，是生命的体现者，离开了蛋白质，生命将不复存在。可是，生物体内存在的天然蛋白质，有的往往不尽如人意，需要进行改造。蛋白质工程的一个重要任务就是根据人们的需要，对负责编码某种蛋白质的基因重新进行设计，使合成的蛋白质符合人类的需要。传统的蛋白质工程手段大多通过引入随机突变来改造目标蛋白质，随着计算机技术和生物信息学技术的飞速发展，计算机模拟被越来越多地应用到蛋白质工程中，从而衍生出半合理化设计、合理化设计等多种新的蛋白质工程的操作手段。例如国内的尚科生物医药（上海）有限公司通过对蛋白质 DNA 改组、定向进化对酶进行合理化设计，从而提高酶的活性。

目前，蛋白质工程主要集中在改造现有蛋白质这一领域，按照改造部位的大小分为三类，即“小改”“中改”和“大改”。“小改”指有目的地改造蛋白质分子中的几个氨基酸残基。“中改”是指在蛋白质中替换一个肽段或者一个特定的结构域。蛋白质的立体结构可以看作由结构元件组装而成的，可以在不同的蛋白质之间成段地替换结构元件，期望得到相应的功能。英国剑桥大学的 Winter 等将分子剪裁技术成功用于抗体分子的改造。他们将小鼠单克隆抗体分子重链的互补决定子用基因操作方法插到人的抗体分子的相应部位上，使小鼠单抗分子所具有的抗原结合专一性转移到人的抗体分子上。与鼠源抗体比较，这个转换显著减少不需要的免疫原性。到目前为止，5 个鼠和人的嵌合抗体产品已经被许可作为药物。“大改”指从头设计蛋白质分子。所谓从头设计是指从氨基酸残基出发，即从蛋白质一级结构出发，设计制造自然界中不存在的全新蛋白质，使之具有特定的空间结构和预期的功能。

蛋白质生物合成过程的基本法则是：遗传密码决定氨基酸序列，氨基酸序列（在各种辅助因素帮助下）决定三维结构，三维结构决定蛋白质功能。由于目前对蛋白质认识的局限性，成功的例子不是很多，只有当人们彻底掌握了一级结构决定高级结构的规律，掌握了高级结构与特定生物功能的相关性，即完全破译了蛋白质的折叠密码后，才有可能真正实现从头设计蛋白质分子。蛋白质工程的实施依赖于基因工程，基因工程为实现蛋白质工程已经提供了基因克隆、表达、突变以至活性测定等关键技术，而蛋白质分子的结构分析、结构设计和预测为蛋白质工程的实施提供了必要的结构模型和结构基础，尤其是在目前我们尚未完全掌握结构与功能相关的规律之前，我们可以利用得到的有限的结果来改善未来的设计。因此，蛋白质工程的实施实际上是一个由理论到实践、由实践再到理论的周而复始的研究过程，对蛋白质的结构与功能关系的规律性认识是一个螺旋式上升的过程。

蛋白质工程的出现标志着人类征服自然进入一个新的发展阶段。在基础理论研究中，它是研究和揭示蛋白质结构与功能规律的关系不可替代的手段，在应用上前景更辉煌，遍及工、农、医等各领域，正以不断增长的速度产生用于研究和商业用途的新蛋白，今后的发展是无可估量的。蛋白质工程有着广阔的应用前景，几乎所有具有开发前景的蛋白质和多肽都用蛋白质工程做过改造的尝试，并取得不同程度的效果，其中研究最多、取得成果最显著的是生物技术药物和工业用酶的蛋白质工程。如β－16干扰素的生产是较早的药物蛋白质工程。β－16干扰素有154个氨基酸，其第十七个氨基酸残基是丝氨酸（Ser），如果用半胱氨酸（Cys）替代丝氨酸（Ser），这个替代减少了错误二硫键形成的可能性，同时也去除了一个转录后氧化的可能位点。在大肠杆菌中表达的蛋白活性，接近于天然的从成纤维细胞获得的β－16干扰素。自1993年起该分子已经被许可用于复发的卧床病人，减少复发的频率和严重程度，减缓多发硬化症。

基因工程技术已广泛应用于医、农、牧、渔等产业，甚至与环境保护也有密切的关系。随着转基因技术的飞速发展及转基因生物的大面积推广，在关注转基因生物所带来的巨大社会、经济和生态效益的同时，转基因生物及其产品的安全性问题也引起世界范围内的广泛关注。农业转基因生物及其产品对人类健康和生态环境是否会带来潜在不良影响，已引起人们的普遍关注。

蛋白质工程开创了按照人类意愿改造、创造符合人类需要的蛋白质的新时期。蛋白质工程取得的进展向人们展示出诱人的前景。如今，生物和材料科学家正积极探索将蛋白质工程应用于微电子方面。用蛋白质工程方法制成的电子元件，具有体积小、耗电少和效率高的特点，因此具有极为广阔的发展前景。

3 细胞工程

濒危的物种通过离体细胞培养而不至于灭绝；新型农作物的培育通过细胞融合、细胞杂交等“美容整形手术”获得更多的优良性状；以往价格昂贵的抗生素通过细胞改良技术而得以大批量生产；通过细胞定向的“生物导弹”药物，可以抑制肿瘤等恶性疾病病患处细胞的增殖和扩散。不难看出在当今的生物科技发展中，细胞工程起着举足轻重的作用。

3.1 细胞工程概述

细胞工程，顾名思义，就是在细胞水平上，按照人们的设计蓝图，应用细胞及分子生物学方法和技术，通过改变细胞内的遗传物质而获得新物种，或进行大规模细胞和组织培养而获得特种细胞产物，是现代生物工程的一个重要组成部分。按照操作对象又可分为植物细胞工程和动物细胞工程。

细胞工程走过了以下的发展历程：

1839 年，德国植物学家施莱登和动物学家施旺提出“细胞学说”，认为所有有机体都是由一个个的细胞组成的；1902 年，德国学者哈勃兰特提出“细胞全能性”观点，认为任何一个细胞都具有生长发育为完整个体的潜能。细胞工程就是以“细胞学说”和“细胞全能性学说”为理论基础而发展起来的。

1912 年，卡雷尔在细胞全能性学说的指导下，进行了鸡胚胎心肌组织细胞的体外长期培养，厄尔于 1940 年进行了小鼠单个细胞培养，建立了小鼠结缔组织。

1975 年，西莎与乔治合作，将免疫过的小鼠脾细胞与小鼠骨髓瘤细胞融合，得到既能体外无限增殖又能产生特异性抗体的杂交瘤细胞，这是人类首次进行的细胞间融合实验。

1978 年，英国剑桥大学生理学家爱德华采用胚胎工程技术成功培育出世界首例试管婴儿，这是细胞工程的重要内容——胚胎工程诞生的标志性事件。其后，细胞工程进入了转基因和细胞核移植研究阶段。

1987 年，戈登将人类某基因通过人工手段转入小鼠中，成功构建了转基因小鼠。

1997 年 2 月，英国罗斯林研究所的维尔穆特博士科研组公布体细胞克隆羊“多莉”培育成功。“多莉”的克隆在核移植技术上沿袭了胚胎细胞核移植的全部过程，但它是世界上第一例经体细胞核移植出生的动物，是细胞工程技术领域研究的巨大突破。

目前，细胞工程的研究内容主要包括细胞融合、细胞重组、细胞核移植、染色体工程、原生质体诱变及细胞和组织培养技术。

3.2 细胞工程的成果

3.2.1 单克隆抗体技术

将能够产生抗体的 B 淋巴细胞与骨髓瘤细胞杂交融合，获得既能产生抗体，又能无限增殖的杂种细胞，这种技术被称为单克隆抗体技术。

小鼠的骨髓瘤细胞可以在体外无限增殖但不能产生抗体，而经过抗原免疫处理后的 B 淋巴细胞可以产生特异性抗体但不能在体外进行无限分裂，若将这两种细胞杂交会得到具有什么特点的细胞呢?

1975 年，分子生物学家科勒和米尔斯坦首先进行了这样的细胞融合实验，得到一个既能体外无限增殖又可以合成和分泌特异性抗体的杂种细胞，即杂交瘤细胞，它融合了两个亲本各自的优点。这种细胞产生的特异性抗体被称为单克隆抗体。单克隆抗体技术实质就是细胞融合技术。科勒和米尔斯坦因开创的单克隆抗体技术是免疫学乃至医学史上的重大突破，两人也因此获得了 1984 年的诺贝尔生理学或医学奖。

单克隆抗体制备的流程大致如下（图 3－1）：

1）对实验动物进行免疫处理：给小鼠注射目的抗原，刺激其体内 B 淋巴细胞分化成可产生相应抗体的致敏 B 淋巴细胞。

2）在离体条件下进行细胞融合：小鼠脾脏细胞悬浮液中的淋巴细胞、骨髓瘤细胞在融合剂作用下发生融合形成杂交瘤细胞。

3）选择发生融合而形成的杂交瘤细胞，剔除未发生融合的淋巴细胞和骨髓瘤细胞。

4）采用灵敏、快速、特异的免疫学方法筛选出可产生单克隆抗体的阳性细胞，并继续培养。

5）筛选出的阳性细胞通过注射到动物体内诱生或在体外继续培养而获得大量单克隆抗体。

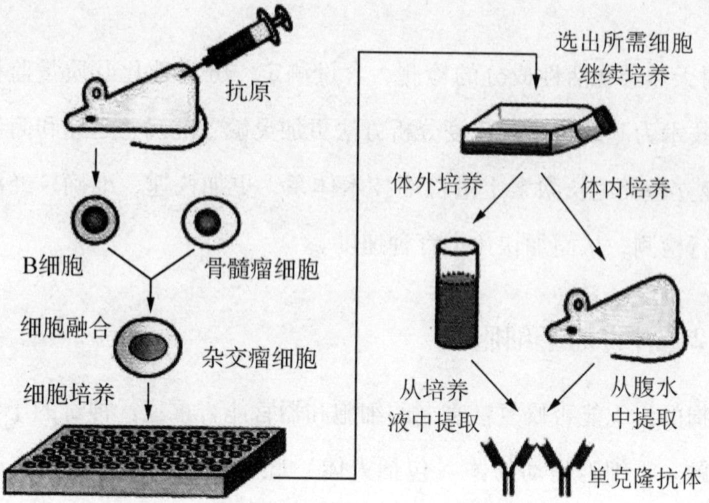

图 3－1　单克隆抗体制备的过程

为什么对单克隆抗体的研究与应用越来越深入而广泛呢？这主要是由于单克隆抗体有以下三个方面的突出优点：

1）特异性：对单一抗原高度的特异性使其能更加精准地结合并杀死靶细胞，且对于体内靶向性分布也能更快速准确地定位，这一特点更多地体现在抗肿瘤抗体药物的研究中。

2）多样性：主要有靶抗原的多样性、抗体结构的多样性和单克隆抗体作用机制的多样性。

3）定向性：单克隆抗体类似于“生物导弹”，在临床治疗中，可以将抗体药物运送至癌变部位等病害部位，从而达到定向的治疗效果，减少对机体其他组织的伤害。

由于分子细胞生物学的发展及单克隆抗体独有的特点，使其应用日益普及，渗透到生物学、医学、农业、食品等研究的各个领域，主要有以下几个方面：

1）病原诊断最为常用，包括上百种人、畜禽、植物等病毒、细菌或寄生虫病害，其中有30余种如乙肝、狂犬病、乙型脑炎等人兽共患病。以及用于含量极微的激素、细菌毒素、神经递质及肿瘤细胞抗原的诊断。

2）治疗肿瘤，这是当今医学界寄予厚望的一项研究，是癌症治疗新的突破口，目前已研制出的肿瘤单克隆抗体有胃肠道肿瘤、黑色素瘤、肺癌等数十种。

3）对天然药物活性成分的检测、含量测定、分离纯化及质量监控等，以单克隆抗体技术为基础的酶联免疫分析方法更加灵敏、准确、迅速和简便。

4）建立鱼类生长激素定量检测技术体系，更加快速、准确、经济地对鱼类生长素进行检测，从而加快鱼类育种速度。

3.2.2 神奇的干细胞

已病损的组织能否修复？衰老的细胞和器官能否重建？神奇的干细胞可以解决这些问题。干细胞是动物体（包括人体）胚胎及部分器官中具有自我更新和多向分化潜能的原始细胞，是重建、修复病损组织、衰老组织及器官功能的理想种子细胞。简言之，干细胞是一类具有自我更新和分化潜能的细胞。干细胞技术因此又称为再生医疗技术，通过对干细胞的分离培养、定向诱导改变其基因的修饰等过程使其按照人们的设计方向进行分化，而在体外得到全新且正常的细胞、组织或器官，最终通过细胞、组织或器官的移植来实现临床疾病的治疗。

干细胞技术发展历程中的一些标志性事件：

1）1967年，托马斯发现将正常人的骨髓移植到病人体内，可以治疗造血功能障碍。

2）1999 年，《美国科学院院刊》发表的一篇文章指出，小鼠肌肉组织的成体干细胞可以“横向分化”为血液细胞，证明了肌肉细胞的全能性。

3）1999 年 12 月，干细胞研究被美国《科学》杂志评选为该年度世界十大科学进展之首。

4）2006 年，日本科学家山中伸弥建立了诱导性多能干细胞（iPS 细胞）体系，他用转录因子诱导小鼠胚胎或皮肤纤维母细胞使其发生转化，产生的 iPS 细胞在形态结构、基因表达、分化能力等方面都与胚胎干细胞极为相似。

5）2007 年，汤普森利用 iPS 技术诱导人类皮肤纤维母细胞产生几乎与胚胎干细胞完全一样的 iPS 细胞。

6）2008 年的美国《科学》杂志将 iPS 细胞的成功获得评选为年度世界十大科技进展之首。2010 年，iPS 细胞的研究进展再次入选年度十大科学突破。

7）2009 年，中国科学院动物研究所周琪研究员利用 iPS 技术培育出 iPS 小鼠，这一成果说明，iPS 细胞与胚胎干细胞具有相似的多能性。该项成果被美国《时代周刊》评为 2009 年全球十大生物医学进展之一。

8）2012 年 10 月 8 日，山中伸弥因其在 iPS 干细胞研究中的开创性工作而获得当年度诺贝尔生理学或医学奖。

干细胞可以按照不同的标准进行分类。根据干细胞来源可以分为胚胎干细胞、组织干细胞和诱导性多能干细胞。根据干细胞分化潜能可以分为全能干细胞、亚全能干细胞、多能干细胞和专能干细胞。

诱导性多能干细胞是最近十年研究的热点领域。诱导性多能干细胞主要来源依赖于体外诱导培养（图 3－2），在体外将某些转录因子导入动物或人的体细胞，使其遗传物质重新编程，整个过程通过基因转染技术完成，最终得到的细胞类似于胚胎干细胞，具有高度自我更新能力和多向分化的潜能。

英国近日建立了全球首个国家胚胎干细胞库，这个消息令全世界范围内的医学工作者感到振奋，因为人们看到了干细胞技术在临床治疗各种目前尚难以攻克的疾病中的希望。干细胞技术的美好应用前景已经初步展现在世人面前，为器官移植及重大疾病的治疗带来了希望（图 3－3）。

干细胞技术的应用主要有以下几个方面：

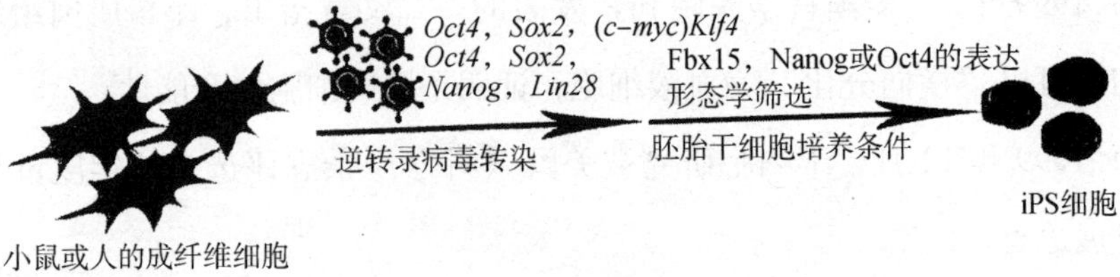

图 3-2　诱导性多能干细胞的体外培养

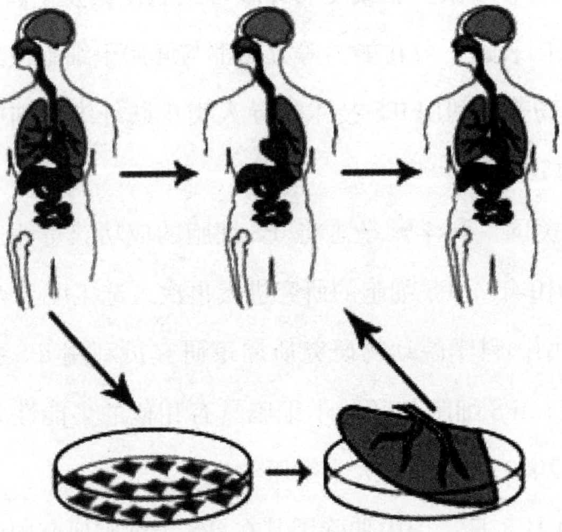

图 3-3　应用干细胞技术体外培育器官移植供体

1）疾病治疗。对那些目前应用传统医学方法尚无有效治疗途径的疾病，如癌症、糖尿病、心肌坏死性疾病、自身免疫性疾病、白血病、肝病、肾病、老年痴呆症、帕金森综合征、皮肤烧伤等，干细胞治疗会有显著的疗效。干细胞技术治疗疾病与常规医疗措施相比具有更多的优势（表 3-1）。

2）延缓衰老。移植补充干细胞，意味着可以不断增加人体各个器官的再造和修复所需要的最基本的材料，可以长期保持生命的旺盛活力，能起到改善亚健康状态、延缓衰老、延长寿命的作用。

3）器官再造与再生医学。利用干细胞技术，可以在体外制造正常的、更年轻的人体组织器官，来代替病变或衰老的组织器官。来自于人体干细胞的器官可以应用于临床器官移植治疗。

世界上第一个干细胞药品即将获得美国 FDA 批准而走向市场。这得益于美国总统奥巴马在 2008 年上任后宣布取消对干细胞研究的限制。这对从事干细胞研究的科研工作者、临床医生和病人来说，是十分有意义的。我们国家在干细胞研究方面的科研水平已经走在世界前列，但是国家层面的政策措施尚是空白，没有符合国情的战略部署、项目规划和监管条例。

目前对于干细胞治疗的研究尚处于试验阶段，还没有大量的临床结果。因此对于干细胞治疗的疗效要有一个合理的期望值。

表 3－1 干细胞治疗与其他常规治疗措施的比较

治疗技术	疗效	治疗风险
手术治疗	近期疗效确切，但肿瘤易转移	手术直接损伤较大
放射治疗	某些对放射线敏感的肿瘤疗效确切，但对放射线不敏感的肿瘤则不确切	放射线可损伤正常细胞，副反应明显
化学药物治疗	疗效有限，疗程较长	化学药物对正常细胞产生毒性损害、骨髓抑制、胃肠道反应、重要脏器损害等毒副反应明显；多疗程使用后可出现耐药性
干细胞治疗	干细胞治疗恶性实质性肿瘤病常作为手术、放疗、化疗的辅助支持疗法。干细胞可以修复、更新受损、病变的细胞，从而有效恢复受损器官组织的正常功能，缓解症状、提高生存质量	无毒副反应，偶见输液反应（任何制剂在输注过程均可能出现输液反应）

干细胞技术更是涉及些许伦理方面的问题，包括来源、操作、转化三个方面。其中共性问题主要有知情权、同意权、隐私权和安全性等，除此之外还有人胚胎与病人的利益冲突、脐带血储存商业化、人兽混合胚胎的道德性、跨物种感染等敏感问题均已引起科学家及普通公众的关注。在干细胞转化应用方面也表现出伦理问题，甚至已经演化为一大社会问题。目前关于干细胞的临床监管机制还不完善，所以很难判断在国际上出现的各种医疗机构所生成的干细胞疗法是否有效。因此，我们应该正视干细胞技术中的道德问题，确保此技术能够健康发展，

更好地造福人类。

3.3 细胞工程的应用

生物工程在农业、轻工、医药卫生等国民经济的各个领域上显示出越来越重要的作用。世界上众多国家都投入了大量的人力、物力、财力来进行广泛的研究。不少研究成果已经在应用上发挥了强大的威力，其在生产实践中的应用所产生的经济效益，已是举世瞩目，已成为高新技术产业开发的重要领域。加拿大一位研究云杉的植物学家在一篇研究报告中提到，运用细胞工程技术利用单个云杉细胞可以快速培育出300万株优良品种的云杉植株。美国宾夕法尼亚州立大学的一位园艺学家认为“利用植物细胞和组织培养技术培育植物不但在技术上已证明可行，而且具有巨大的经济效益”。由此可见，细胞工程技术产生的经济效益之大是可以想象的。

3.3.1 粮食及蔬菜生产

细胞工程技术辅助作物育种是其最重要的一个应用领域。我国在这方面已经达到世界领先水平，通过该技术培育出的水稻、小麦品种有上百个。利用细胞工程技术进行育种，可以缩短育种周期，提高育种效率，而且更有利于优良性状的筛选。蔬菜通常以种子、块根、块茎、扦插或分株等传统方式进行繁殖，可以在较短时间内获得大量植株，迅速扩大群体，取得经济效益。运用植物体细胞融合技术可以获得新的杂交植物，如我们所熟悉的“西红柿马铃薯”和“蘑菇白菜”等。

3.3.2 园林花卉植物育种及改良

通过脱病毒试管苗快繁技术，可以有效防止果树病毒的侵害，使果树后代脱毒，恢复种性并促进了育种速度。目前，香蕉、柑橘、葡萄、桃、梨、荔枝、龙眼、核桃等多种果树的试管苗脱毒技术已经十分成熟，在农业生产中产生了良好的经济效益。1960年科学家首次利用微繁殖技术对兰花进行组织培养，改良了兰花品种，使兰花的市场供应摆脱了气候、地理等方面的限制。我国对康乃馨、月季、菊花、紫罗兰等花卉品种的研究较为成功，有的已经商品化，并销往海内外。

3.3.3 临床医学与药物

现在，人们可以应用单克隆抗体技术检查一些尚无临床症状的极小肿瘤病灶，检测心肌梗死的部位和面积，为有效及时地治疗疾病提供方便。单克隆抗体可以精确地检测女性及雌性动物的排卵期，使人类对生殖生育有了较大的选择余地，促进了优生优育，提高了人口素质，同时也为不孕症患者或不宜生育的人带来了福音。

3.3.4 动物优良品种的繁育

目前，人工授精、胚胎移植等技术已广泛应用于畜牧业。综合利用细胞工程中的胚胎分割转移技术、细胞核移植技术、细胞融合技术等，可以在细胞水平改造卵细胞，可以创造出高产奶牛、瘦肉型猪等新品种。

展望未来，我们可以满怀信心地说，细胞工程的研究、开发与应用必然会在21世纪有一个更加快速的发展。我们必须抓住这一契机，促进我国在农业、林业、畜牧业及医药业等方面的高速发展。

4　神奇的酶

某种物质，它无处不在，却不被我们所注意，但是却有着神奇的魔力。它能使生物体在瞬间发生天翻地覆的巨大变化，迅速产生新的物质！其实在我们的生活当中，通过生产与生活实践，我们不知不觉地就利用了这种物质。我们的祖先在夏禹时代就利用它来酿酒了，在春秋战国时期人们使用这种神奇物质含量丰富的曲（qū，是用粮食等经人工发酵后制成的，最早曾用于造酒）来治疗消化不良的疾病。这种物质就是世界上不可缺少的、具有神奇魔力的、神通广大的酶。

4.1　酶的神秘面纱

4.1.1　酶的本质

我们知道，一般的生物化学反应，都需要酶的存在，我们人体内就有几千种的酶类，正是由于这些酶的存在，才能使人体保持健康，从一个受精卵成长发育成健全的人；酶参与人体所有的生命活动，如思考、运动、睡眠、呼吸、愤怒、喜悦或者分泌激素等都是以酶为中心的活动结果。那么，酶究竟是什么呢？现在已经基本可以确定，酶是一种具有生物活性的蛋白质，后来人们又陆续发现了具有生物催化功能的RNA（核酶）和抗体酶，改变了生物体内所有的酶类都是蛋白质的传统观念（图4－1）。

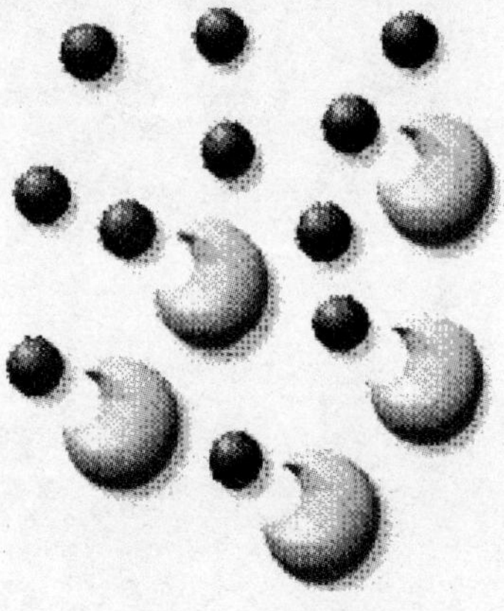

图4－1　酶

4.1.2 酶的发现

1783 年，意大利科学家斯帕兰扎尼将肉块放入小巧的金属笼中，然后让鹰吞下去。一段时间后他将小笼取出，发现肉块消失了。因此，他推断胃液中一定含有消化肉块的物质。

1836 年，德国科学家施旺从胃液中提取出了消化蛋白质的物质，解开了胃的消化之谜。

1926 年，美国科学家萨姆纳从刀豆种子中提取出脲酶的结晶，并通过化学实验证实脲酶是一种蛋白质。

20 世纪 30 年代，科学家们相继提取出多种酶的蛋白质结晶，并指出酶是一类具有生物催化作用的蛋白质。

1981 年，美国科学家切赫和奥特曼发现少数 RNA 也具有生物催化作用。

1986 年，列那和苏尔滋针对羧酸酯水解的过渡态类似物产生的抗体，能催化相应的羧酸酯和碳酸酯的水解反应，并将这类具催化能力的免疫球蛋白称为抗体酶或催化抗体。

4.1.3 酶的特点

酶的特性主要有四点：

1）酶具有极高的催化能力：其效率是普通催化剂的 $10^7 \sim 10^{10}$ 倍。据报道，如果在人的消化道中没有各种酶类参与催化作用，那么，在体温 37 ℃的情况下，要消化一餐简单的午饭，大约需要 50 年。

2）酶具有专一性：即每一种酶只能催化一种或一类化学反应。

3）酶在生物体内参与每一次反应后，它本身的性质和数量都不会发生改变。

4）酶的作用条件较温和，例如人体内的酶类的最适宜催化温度都接近人体的体温。

4.2 酶的生产

酶的生产实际上是选取酶含量多的生物或细胞，大量繁殖，从其中分离、提取、纯化酶，并制成某种方便于应用的剂型（酶制剂）的全部过程。

酶的提取和分离纯化是指把酶从组织、细胞内或细胞外液中提取出来并使之达到与使用目的相适应的纯度。

工业用酶制剂的一般制备流程包括破碎细胞、溶剂抽提、离心、过滤、浓缩、干燥、结晶、纯化和精制等几个步骤，对某些纯度要求很高的酶，则须经几种方法乃至多次反复处理（图4－2）。

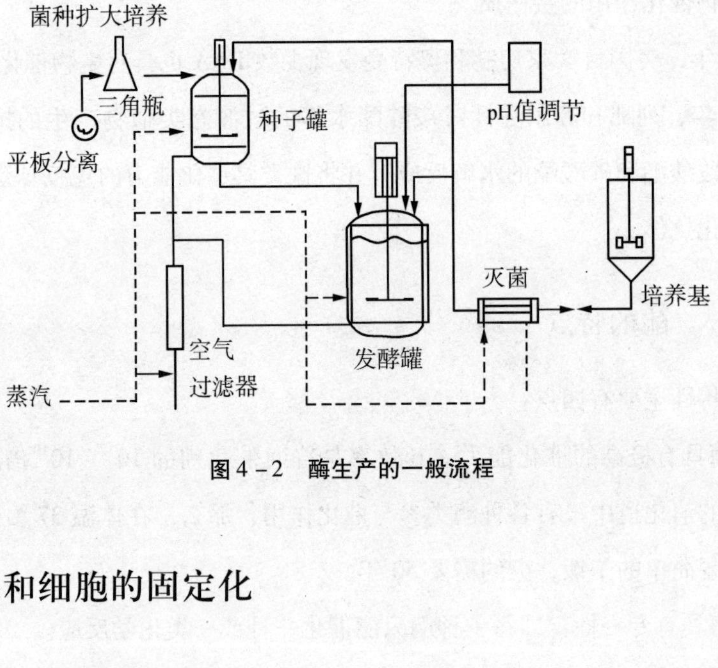

图4－2　酶生产的一般流程

4.3 酶和细胞的固定化

为适应工业化生产的需要，人们模仿人体酶的作用方式，通过固定化技术对酶加以改造固定。经固定化后的生物催化剂既具有酶的催化性质，又具有一般化学催化剂能回收反复利用的优点，并在生产工艺上可以实现连续化和自动化。

4.3.1 酶的固定化

所谓固定化酶，是指在一定空间内呈闭锁状态存在的酶，能连续进行反应，反应后的酶可以回收重复利用。图4－3为一些常见的酶固定化方法。

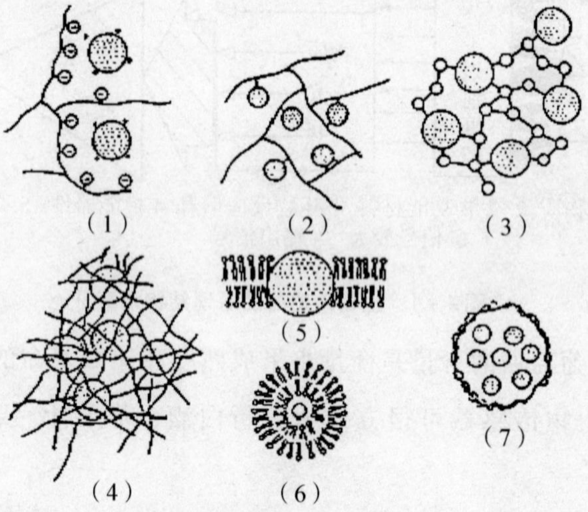

（1）离子结合；（2）共价结合；（3）交联；（4）聚合物包埋；（5）疏水作用；（6）脂质体包埋；（7）微囊

图4－3 酶固定化方法示意

4.3.2 细胞的固定化

通过各种方法将细胞与水不溶性的载体结合，制备固定化细胞的过程称为细胞固定化。固定在载体上并在一定的空间范围内进行生命活动的细胞称为固定化细胞。目前，随着基因工程技术的发展，固定化细胞技术也应用于基因工程菌。

主要的制备方法有吸附法和包埋法两大类。

4.3.3 固定化酶（细胞）的应用

固定化酶在研究酶的催化机制、酶亚基的性质、酶原激活机制等方面，是很有效的工具和实验模型。

固定化葡萄糖异构酶是世界上生产规模最大的一种，它可以用来催化玉米糖浆生产高甜度的高果糖浆。

生物传感器可分成酶电极、微生物电极、免疫电极以及其他生物化学电极。把生化反应信号转换成可定量的检测信号，其原理结构如图4－4所示。

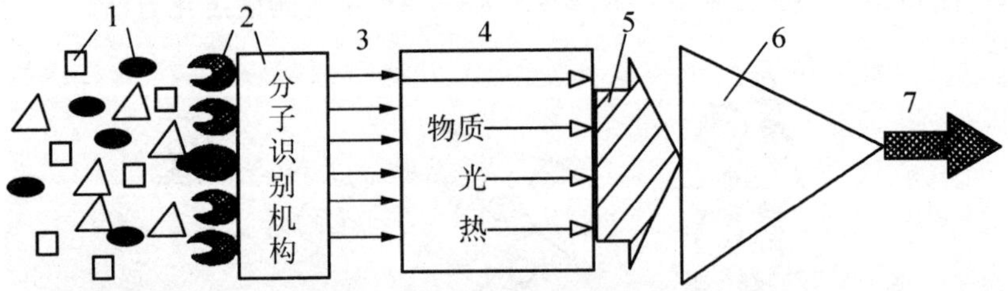

1. 待测物质 2. 生物功能材料 3.生物反应信息 4.换能器件 5. 电信号
6. 信号放大 7. 输出信号

图4－4 生物传感器的原理结构示意

食品工业中葡萄糖的含量是衡量水果成熟度和储藏寿命的一个重要指标。利用酶电极型生物传感器可很方便地分析白酒、苹果汁、果酱和蜂蜜中的葡萄糖。

Albareda 等用戊二醛交联法将乙酰胆碱酯酶固定在铜丝碳糊电极表面，制成一种可检测浓度为10^{-10}摩/升的对氧磷和10^{-11}摩/升的克百威的生物传感器，可用于直接检测自来水和果汁样品中两种农药的残留。

生物传感器在各种不同的领域如临床医学、过程控制、环境检测、基础研究、航空航天、半导体和计算机技术等方面有广泛的用途。

4.4 酶反应器

酶催化剂进行反应所需的设备称为酶反应器。酶反应器是游离酶、固定化酶或固定化细胞催化反应的容器。

各种酶反应器的类型及其特点如表4－1所示。

酶反应器设计的基本要求首先是通用性和简单，反应器的规模和操作应该与产量相适应，用“大炮打蚊子”或用“手枪打航母”都是不合适的，应根据生产规模确定反应器的大小和操作方式来设计。一般可从以下几个方面考虑：①酶的形状；②底物的性质；③酶反应动力学特性；④酶的稳定性；⑤应用的可塑性及成本等。

表 4－1 酶反应器的类型及其特征

	类型名称	适用的操作方式	特征
游离酶反应器	搅拌罐	分批，半分批	反应器内的溶液用搅拌器机械混合。采用如透析膜、超滤膜、中空纤维等
	超滤膜反应器	分批，半分批，连续	只允许低分子化合物而酶不能通过的膜反应器，适用于大分子底物
固定化酶反应器	搅拌罐	分批，半分批，连续	用搅拌器搅拌，固定化酶或固定化微生物粒子悬浮在溶液中，粒子保留在罐内
	固定床或填充床	连续	最广泛使用的固定化酶及固定化微生物反应器。把固定化酶或固定化微生物粒子填充在塔内，底物溶液一般是由下向上通入
	流化床	分批，连续	靠溶液的流动促使固定化酶或固定化微生物的离子在床内激烈搅动、混合
	膜反应器	连续	膜状或片状的固定化酶或固定化微生物反应器，其组件形式有中空酶管、螺旋板反应器、旋转圆盘型、平板型等
	鼓泡塔	分批，半分批，连续	将固定化酶或固定化微生物颗粒悬浮在鼓泡塔中，粒子保留塔内，适用于有气体参与的反应

4.5 与生活密切相关的酶

酶的应用范围十分广泛，这里仅从以下几个主要方面对酶的应用做简单介绍。

酶在食品工业中的应用很多，生物技术在食品工业中应用的代表就是酶的应用。酶制剂工业为食品工业提供了新的发展途径，不仅改善食品色、香、味，而且提供了富有营养的新产品。当前，酶制剂在食品烘焙、果蔬、奶制品、肉类、饮料等工业中已经得到了广泛的应用（表4-2）。

表4-2　应用于食品工业中的酶制剂

酶	来源	主要用途
α-淀粉酶	枯草杆菌、米曲霉、黑曲霉	淀粉液化，制造葡萄糖，醇生产，纺织品退浆
β-淀粉酶	麦芽、巨大芽孢杆菌、多黏芽孢杆菌	麦芽糖生产，酿造啤酒，调节烘烤物的体积
糖化酶	根霉、黑曲霉、红曲霉、内孢霉	将糊精降解为葡萄糖
蛋白酶	胰脏、木瓜、枯草杆菌、霉菌	软化肉质，浓缩鱼胨，乳酪生产，啤酒去浊，香肠熟化，制蛋白胨
右旋糖酐酶	霉菌	牙膏、漱口水、牙粉的添加剂（预防龋齿）
纤维素酶	木霉、青霉	食品、发酵、饲料加工
果胶酶	霉菌	果汁、果酒的澄清
葡萄糖异构酶	放线菌、细菌	生产高果糖浆
葡萄糖氧化酶	黑曲霉、青霉	保持食品的风味和颜色
橘苷酶	黑曲霉	水果加工，去除橘汁苦味
氨基酰化酶	霉菌、细菌	由DL-氨基酸生产L-氨基酸
磷酸二酯酶	橘青霉、米曲霉	降解RNA，生产单核苷酸
脂肪酶	真菌、细菌、动物	乳酪的后熟，改良牛奶风味，香肠熟化
乳糖酶	真菌、酵母	水解乳清中的乳糖

酶在轻工业方面的应用主要有：①洗涤剂工业（图4-5）；②饲料工业（图4-6）；③纺织工业；④日用化工和制革工业。

酶在医药方面的应用多种多样，可归纳为下列三个方面：①用酶进行疾病的诊断：通过酶联免疫测定，可以诊断肠虫、毛线虫、血吸虫等寄生虫病以及疟疾、麻疹、疱疹、乙型肝炎等疾病。②用酶治疗各种疾病（图4-7）：溶菌酶是一种应用广泛的药用酶，具有抗菌、消炎、镇痛等作用。蛋白酶用于治疗消化不良和食欲缺乏。癌细胞生长时需要天冬酰胺，L-天冬酰胺酶可以切断天冬酰胺的供给，因此对癌症，特别是白血病的治疗有显著疗效。尿激酶具有溶解血纤维

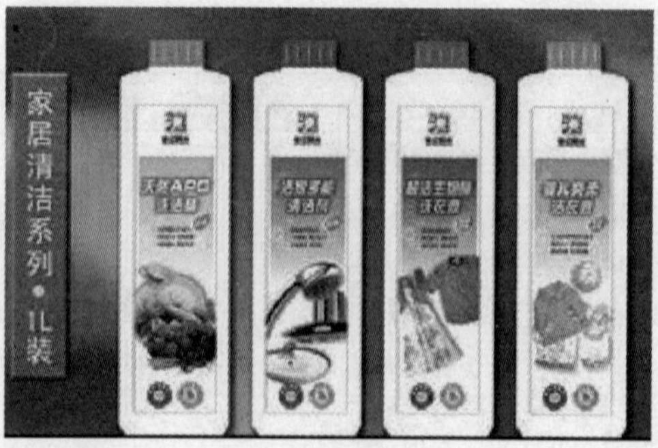

图4－5　洗涤剂

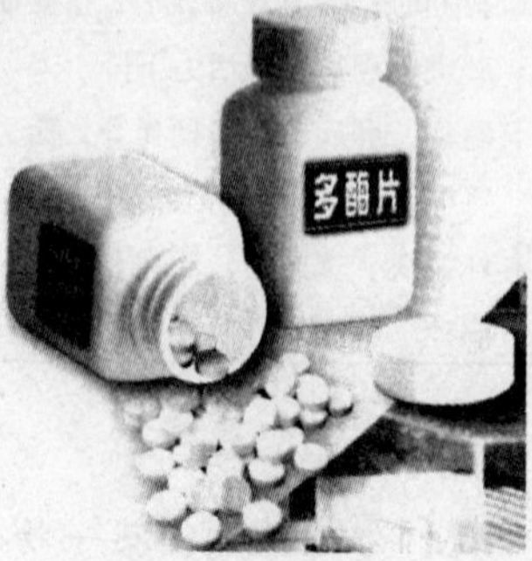

多酶片中含有多种消化酶，消化不良时可以服用

图4－6　多酶片

图4－7　饲料复合酶

蛋白及溶解血栓的活性，也可用于溶解血块。超氧化物歧化酶（SOD）具有抗辐射作用，并对红斑狼疮、皮炎、结肠炎及氧中毒等疾病有显著疗效。③用酶制造各种药物：青霉素酰化酶是在半合成抗生素的生产上有重要作用的一种酶；β－酪氨酸酶可催化L－酪氨酸或邻苯二酚生成二羟苯丙氨酸（多巴），多巴是治疗帕金森综合征的一种重要药物。在疾病诊断方面的常见酶见表4－3。

表4-3 酶在疾病诊断中的应用

酶	疾病与酶活力变化
葡萄糖氧化酶	测定血糖含量，诊断糖尿病
胆碱酯酶	测定胆固醇含量，治疗皮肤病、支气管炎、气喘
尿酸酶	测定尿酸含量，治疗痛风
淀粉酶	胰脏疾病、肾脏疾病时，活力升高；肝病时，活力下降
酸性磷酸酶	前列腺癌、肝炎、红细胞病变、佝偻病、甲状旁腺功能亢进时，活力升高；软骨发育不全等，活力下降
谷丙转氨酶	肝炎、心肌梗死等，活力升高
谷草转氨酶	肝炎、心肌梗死等，活力升高
胃蛋白酶	胃癌时，活力升高；十二指肠溃疡时，活力下降
磷酸葡萄糖变位酶	肝炎、癌症时，活力下降
醛缩酶	癌症、肝病、心肌梗死等，活力升高
葡萄糖醛缩酶	肾癌及膀胱癌，活力升高
碳酸酐酶	坏血病、贫血等，活力升高
乳酸脱氢酶	癌症、肝病、心肌梗死，活力升高

酶在分析检测方面的应用正逐步增多，酶的专一性可以使酶在一个复杂体系中，不受其他物质干扰，准确地测出某一物质含量。利用酶催化作用的高度专一性对物质进行检测，已成为物质分析检测的重要手段（图4-8）。

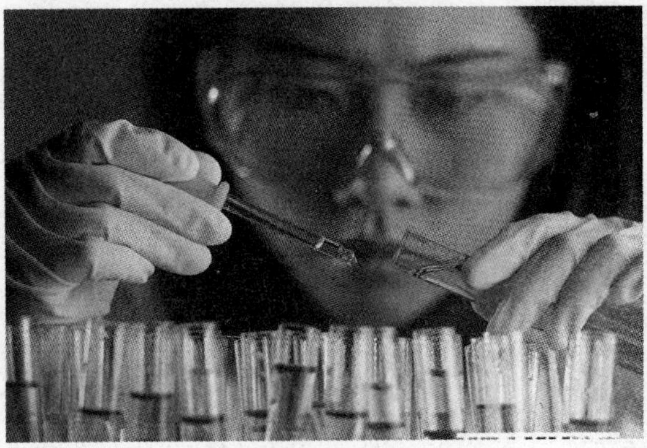

图4-8 利用酶进行分析检测

5 发酵工程

发酵工程是传统发酵技术与现代生物工程相结合而发展起来的现代生物技术，是基因工程、酶工程、细胞工程等生物技术实现产业化的桥梁和关键技术。从传统的发酵技术到现代生物技术，其发展的时间跨度越来越短。它记载着古代文明的足迹，又反映出近代生物技术发展的轨迹。它与人类生活密切相关，其应用范围遍及医药卫生、农林牧渔、轻工食品、化工能源、环境保护和冶金采矿等各个领域，为解决人类当今所面临的食物、健康、环境和能源等诸多重大问题提供了科学的手段并开辟了新的途径。

5.1 发酵工业简史

发酵技术是人类最早通过实践所掌握的生产技术之一，产品也很多，就以传统的食品和饮料来说，在西方有啤酒、葡萄酒、面包、干酪；在东方有酱、酱油、醋、清酒；在中东和近东有乳酸等发酵产品。这些产品都是数千年来，凭借人类的智慧和经验，在没有亲眼见到微生物的情况下，巧妙地利用微生物所获得的。3 000 年前，中国已有用长霉的豆腐治疗皮肤病的记载，这很可能就是豆腐上长的霉菌中有能产生抗生素的微生物。

作为发酵工业却是近百年才发展起来的。它的发展大致经历如表 5 – 1 几个阶段：

表 5－1　发酵技术的发展历史

时间	发酵阶段	主要产品	主要技术
古代 ~ 1900 年	天然发酵	酒、醋、酱油、干酪、酵母	天然接种、分批培养
1905 年	纯培养技术	酒精、丙酮、丁醇	密闭纯培养
1940 年	通气搅拌技术	抗生素、有机酸、酶、维生素	通气搅拌技术、连续培养技术
1956 年	代谢控制技术	氨基酸、核苷酸	选育代谢调节和缺陷生产菌株
1973 年	基因工程技术	胰岛素、干扰素等	基因工程菌、原生质体融合等

5.2　发酵工业的特征

发酵和其他化学工业的最大区别在于它是在生物体中所进行的、由酶所催化的化学反应。其主要特征如下：

1）反应条件温和。作为生物化学反应，发酵过程通常都是在常温常压下进行，反应安全，因此没有爆炸的危险，各种发酵设备都不必考虑防爆问题。还有可能使一种设备具有多种用途。

2）生产原材料来源广、价格廉。发酵所用的原料通常以淀粉、糖蜜或其他农副产品等碳水化合物为主，一般不需要精制，只要加入少量的有机和无机氮源就可进行反应。微生物因不同的类别可以有选择地去利用它所需要的营养。基于这一特性，可以利用废水和废物等作为发酵的原料进行生物资源的改造和更新。

3）反应能自动调节。反应是以生物体的自动调节方式来进行的，因此，数十个反应过程能够像单一反应一样，在被称为发酵罐的单一设备内很容易地进行。

4）高度的专一性和选择性。由于生物体本身所具有的反应机制（酶类生产），能够专一性地和高度选择性地对某些较为复杂的化合物进行特定部位的氧化、还原、官能团导入等反应，可以很容易地生产出复杂的高分子化合物。

5）全过程的无菌生产。杂菌和噬菌体污染是发酵工业的致命伤，因而维持无菌条件是发酵成功的关键。

6）在不增加设备的情况下增加产量。微生物菌种是进行发酵的根本因素，通过菌种的改良，可使产量飞跃上升。

7）对环境污染较小。一般情况下，发酵的“三废”物质对环境污染小，对生物体无害（抗癌抗生素生产等除外）。

8）工业发酵与其他工业相比，投资少、见效快，并可以取得较显著的经济效益。

基于以上特点，发酵工业日益引起人们重视。和传统的发酵工艺相比，现代发酵工程除了上述的发酵一般特征之外更有其优越性。除了使用微生物外，还可以用动、植物细胞和酶，也可以用人工构建的“工程菌”来进行反应；而反应设备也不只是常规的发酵罐，而以各种各样的生物反应器代之，自动化连续化程度高，使发酵水平在原有基础上有所提高和创新。

5.3 发酵工业的应用范畴

发酵工业应用范围很广，区分的方法也多种多样。尤其是现代发酵工程，已使发酵工业的范畴突破了利用天然微生物的传统发酵，逐步建立起新型的发酵，生产天然菌体所不能产生或产量很少的特殊产物。所以，按其重要性来区分可以分为以下几个方面：

5.3.1 微生物菌体发酵

这是以微生物菌体细胞为产品的发酵工业，包括酵母，各种单细胞蛋白，用于生物防治的苏云金杆菌以及各种人、畜疾病防治用的疫苗等。细胞物质的发酵生产特点是细胞的生长与产物积累成平行关系，生长速率最大时期也是产物合成速率最高阶段，生长稳定期细胞物质浓度最大，同时也是产量最高的收获时期。面包酵母是最古老的发酵工业之一，早在19世纪末已形成大规模工业生产。以酵母菌生产人类食物蛋白早在第一次世界大战时期已经开始，但是直到20世纪60年代后，由于作为饲料蛋白的微生物细胞需求量急剧增长，单细胞蛋白的生产才有了长足的进展。目前，已可利用包括烃类等各种不同的碳源进行大规模连续发酵来生产菌体蛋白，建立起了单细胞蛋白的发酵工业。

5.3.2 微生物酶发酵

动物、植物以及微生物细胞中都存在各种各样的酶。最早，人们都是从动、植物组织中提取酶。例如从动物胰脏和植物麦芽中提取淀粉酶，从动物胃膜、菠萝中提取蛋白酶等。但随着酶制剂的应用日益广泛，目前工业应用的酶大都来自微生物发酵。因为微生物具有种类多、产酶品种多、生产容易和成本低等特点，所以现在已有生产各种酶的发酵工业。

微生物酶制剂有广泛的用途，多用于食品和轻工业。如微生物生产的淀粉酶和糖化酶用于生产葡萄糖，氨基酰化酶用于拆分 DL－氨基酸等。酶也用于医药生产和医疗检测中，如青霉素酰化酶用来生产半合成青霉素所用的中间体 6－氨基青霉烷酸，胆固醇氧化酶用于检测血清中胆固醇的含量，葡萄糖氧化酶用于检测血中葡萄糖的含量，等等。

5.3.3 微生物代谢产物发酵

以微生物代谢产物为产品的发酵生产是发酵工业中数量最多、产量最大，也是最重要的部分。它们包括初级代谢产物、中间代谢产物和次级代谢产物。要严格区分各类代谢产物的性质并非易事。在对数生长期所产生的产物，如氨基酸、核苷酸、蛋白质、核酸、类脂、糖类等，是菌体生长繁殖所必需的。这些产物叫作初级代谢产物。许多初级代谢产物在经济上具有相当的重要性，因而形成了各种不同的发酵工业。如：微生物酶、有机酸、维生素、多糖、氨基酸和核酸类等物质的发酵。由于初级代谢产物是供菌体生长繁殖使用的，所以野生菌株合成产物的产量在满足自身的需要之后，就受到许多调节机制的控制而停止合成。因此应不断改良菌种性能和改善发酵条件，提高产率，才能适应工业生产需要。在微生物生长缓慢或停止生长时期即稳定期，某些菌体能合成在对数生长期不能合成的、具有一些特性的产物，叫作次级代谢产物。它们有较大的经济价值。这些化合物对细胞代谢自身并不显示出什么太大作用，即这些产物与菌体生长繁殖无明显关系。如抗生素、生物碱、细菌毒素、植物生长因子等。

初级代谢产物的产生菌是非常广泛的，而次级代谢产物的产生菌仅仅有少数几个类群，其中放线菌特别是链霉菌产生的次级代谢产物为最多。次级代谢产物中最重要的就是抗生素。它们已是最大的一类发酵产品，在医疗上和其他方面占有重要的地位。抗生素不仅具有广泛的抗菌作用，而且还有抗病毒、抗癌和其他生理活性，因而得到了大力发展，已成为发酵工业的重要支柱和其他发酵工业的基础。

5.3.4 微生物转化发酵

微生物转化就是利用微生物细胞的酶或酶系把一种化合物转变成结构相关的更有经济价值的产物的生化反应。在这里微生物细胞的作用仅仅相当于一种特殊的化学催化剂引起底物某一特定部位的反应。可进行的转化反应包括脱氢、氧化、羟化、还原、缩合、脱羧、氨基化、脱氨和异构化等。转化回收率一般都很高。生物转化最明显的特点是特异性强，包括反应特异性（反应的类型）、结构位置特异性（分子结构中的位置）和立体特异性（特殊的对映体），其中以反应的立体特异性显得特别重要。

生物转化与其化学反应相比具有许多优点，如反应条件温和、对环境污染小等。最简单的生物转化例子是微生物细胞将乙醇氧化形成乙酸，即醋的生产过程。生物转化还可用于把异丙醇转化成丙醇，甘油转化成二羟基丙酮，L－酪氨酸转化成L－多巴，葡萄糖转化成葡萄糖酸，进而转化成2－酮基葡萄糖酸或5－酮基葡萄糖酸以及山梨醇转化成L－山梨糖等。其中把山梨醇转化成L－山梨糖，再用2种菌株自然组合的菌种进行第二步转化，将L－山梨糖转化成2－酮基－L－古龙酸的“二步发酵法”，已用于维生素C的生产。

5.3.5 现代生物技术的生物细胞发酵

生物细胞发酵是指利用生物技术所获得的生物细胞，如DNA重组的“工程菌”，细胞融合所得的“杂交”细胞，以及动植物细胞或固定化细胞等，进行培养的新型发酵，其产物可以是各种各样的。

生物技术中，形成独特产业的发酵工程和酶工程等是生物技术中的重要组成部分。基因工程和细胞工程常常是发酵工程和酶工程的基础，而后者又是前者成果的实际应用，这几方面的内容是相互联系和互相促进的。其中发酵工程更是生物技术实行工业化的基础，所以现代发酵工程包括整个生物工艺过程。就发酵工业来说，除了传统的利用天然微生物发酵生产初级代谢产物和次级代谢产物外，由于生物技术的出现，发酵工业所涉及的范围得到扩大，生产技术得到改造，因而发酵生产能力和控制水平大为提高。如基因工程所获得的工程菌，许多哺乳动物的基因克隆在大肠杆菌等宿主中能够得到表达，等等。使用小鼠体内法生产单克隆抗体，产品常含有毒性杂质和不易大量生产等缺点，目前采用同微生物发酵一样的发酵罐来培养杂交瘤细胞生产单克隆抗体。发酵技术在细胞条件下，也用于直接培养高等植物细胞和动物细胞，以直接获得像生物碱、尿激酶等产物。酶工程中的固定化细胞（或酶）也可用类似发酵罐的生物反应器来进行催化反应，获得所需的产物。这些事实都说明它们之间的密切关系，也说明发酵（或类似发酵）技术在制得产品中的地位。计算机技术也逐渐广泛用于发酵控制。所用的发酵设备是各种类型的新型生物反应器。发酵工艺也与传统工艺有所不同。

5.3.6 微生物处理废水及其他

发酵工业除前述五大类外，目前还涉及如下几个领域：

1）利用微生物净化“三废”物质：主要是分解各种有毒有害物质，或者利用废物作为营养物生产单细胞蛋白或沼气，或者直接降解含氰、含酚以及农药等有毒物质。

2）微生物湿法冶金：它是利用微生物对某些金属氧化物的氧化还原能力，使低品位矿中的某些金属成为可溶性化合物而得以冶炼。

上面介绍的发酵工程是依据微生物产物的性质而区分的。但若从产品或行业来看，则包括如下几方面：①酿酒工业；②酒精、有机溶剂；③发酵食品；④抗生素、医药；⑤有机酸；⑥酶制剂；⑦氨基酸；⑧核苷酸；⑨维生素；⑩激素、甾体类；⑪单细胞蛋白；⑫菌苗和疫苗；⑬微生物农药；⑭环保及其他。

5.4　微生物发酵过程

工业发酵过程的工艺流程大体相同，主要通过下列过程来完成的：发酵原料的预处理→菌种制备→种子扩大培养→发酵→发酵液预处理及过滤→提取及精制→成品包装检验以及“三废”处理和利用。

一般来说，从菌种制备到发酵属于生物合成范围，从发酵液预处理到提取精制属于化工范围。总过程简介如图 5－1。

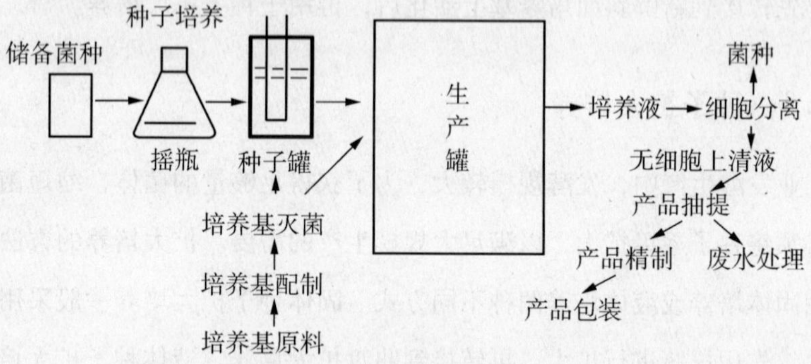

图 5－1　典型发酵的基本过程示意

5.4.1　发酵原料的预处理

由于微生物发酵原材料来源广、品种多，所以处理方法也就有所差异。

1）淀粉质原料的利用很广泛，目前已工业化大规模生产的有抗生素发酵、酒精发酵、柠檬酸发酵、谷氨酸发酵等。在将原料提供微生物利用前，一定要先将淀粉变成糊精或葡萄糖。过去采用酸水解法需时虽短，但需高压及耐酸设备，现已逐步采用更有效的酶水解法代替了。

2）糖蜜作为原料大量用于酵母发酵、酒精发酵等，其预处理只需加热杀菌和用水稀释，也可加酸处理后再补充一些无机盐，即可用于发酵。

3）在以碳氢化合物作为碳源发酵中常提到的是石油脱蜡发酵，是指一定馏分的石油经冷却脱蜡而获得的凝固点在－10 ℃的油，加入适量无机盐进行接种发酵。至于用甲烷或甲醇作为碳源则无需预先处理，只要在接种后按比例加入就可发酵。

5.4.2 菌种制备

生产菌种是发酵生产的主要基础，它必须是具备产量高、性能稳定、容易培养等特点的优良生产菌种。为防止菌种衰退，生产菌种必须以休眠状态保存在沙土管或冷冻干燥管中，并置于0～4 ℃恒温冰箱内。生产菌种应不断纯化，淘汰变异菌落，防止衰退。并且应经常开展选育工作，使发酵水平不断提高。制备生产菌种时，一般都是由保存于冷冻管及沙土管或冰箱中的斜面菌种开始，在正式使用前要先转接到新鲜斜面培养基上活化后，再用于种子扩大培养。

5.4.3 种子扩大培养

在工业发酵生产中，发酵规模较大，为了获得足够量的菌体，缩短菌体生长时间，必须将种子逐级扩大，以满足大规模生产的需要。扩大培养的方法可根据需要采用固体培养或液体培养两种不同方式。固体种子扩大培养一般采用传统的制曲工艺，先用摇瓶进行扩大，再转接到曲盘扩大培养。液体种子扩大培养，有的从摇瓶培养开始，将所得摇瓶种子液接入到种子罐进行逐级扩大培养，这叫作菌丝进罐培养；有的将孢子直接接入种子罐进行逐级扩大培养，这叫作孢子进罐培养。采用哪种方式和多少培养级数，决定于菌种的性质、生产规模的大小和生产工艺的特点。种子制备一般使用种子罐（或小型发酵罐），扩大培养级数通常为二级。

5.4.4 发酵

微生物发酵阶段是将已经扩大培养、旺盛繁殖的种子在一定条件控制下继续生长繁殖并积累代谢产物。应该说种子扩大培养和发酵是微生物生命过程中的两个彼此相关的不同阶段，获得大量产品则是发酵的最终目的。

发酵的方式大体上可分为固体发酵和液体发酵两种（图5－2）。制醋、制酱油、酿酒及糖化饲料等的生产常采用固体发酵，设备简单，节约电力，但周期较长，劳动强度较高。一般适合于传统发酵工艺及乡镇企业用来生产比较简单的产

图 5－2 发酵生产

品。对于大规模工业化产品的生产，如氨基酸发酵、维生素 C 发酵及医用抗生素发酵等都采用液体发酵方式在发酵罐内进行。这种方式可在短时期内得到大量产品，节约劳力并大大降低工人的劳动强度。在用发酵罐深层发酵时，已由单罐分批发酵发展到连续发酵，以适应发酵工业的飞速发展和对于大规模发酵产品的需要。影响发酵的因素很多，如温度、pH 值、通风量、搅拌、罐压等，必须适当地控制影响发酵的各种条件，掌握发酵的动态，并进行杂菌检查和产物测定，使整个发酵过程顺利地进行。

5.4.5 发酵液的预处理及过滤

发酵结束后，发酵液或生物细胞就要进行分离和提取精制，将发酵产物制成合乎要求的成品。在提取前，需要先进行过滤，将菌丝体和滤液分开。若产物存在于滤液中，就要进行发酵液预处理，其目的是使发酵液中的蛋白质和某些杂质沉淀，以增加滤速，获得澄清的发酵滤液，有利于以后的提取；若产物存在于菌丝中，如制霉菌素、灰黄霉素、曲古霉素等，通常先用有机溶剂进行萃取。

5.4.6 提取及精制

提取过程的目的是将发酵滤液中的产物初步浓缩纯化。提取时，如果是酒精或丙酮、丁醇等要将发酵液压入蒸馏塔蒸馏。如果是抗生素、有机酸等一些较复杂的代谢产物，要根据产物的不同特性，采用吸附法、沉淀法、溶媒萃取法、离子交换法。精制是指将产物的浓缩液或粗制品进一步提纯并制成产品，可重复或交叉使用上述四种基本提取方法。此外，在精制过程中还常用复盐沉淀法、交换树脂脱色、活性炭脱色、结晶、重结晶、晶体洗涤、蒸发浓缩、层析凝胶分离、无菌过滤、干燥等方法。如是利用菌体，则可采用离心沉淀或板框压滤的方法把菌体与发酵液分开，也可以用喷雾干燥的方法直接做成粉剂。

20 世纪 70 年代以后，应用基因工程菌生产人体内源蛋白质，其下游处理就是要把所产生的各种蛋白质分离纯化，达到药用的要求。但是，这些产物的共同特点是不稳定、浓度很低、与多种理化性质相近的其他蛋白质和多肽物质共存等，因而分离纯化达到高纯度是相当困难的。传统的纯化技术已不能满足分离基因工程产物的要求。但这些产物又具有与不同的互补生物高分子专一性识别的特性，如抗原-抗体或激素-受体等。可以利用这一特性来研究生物技术产品的下游处理。当前人们采用的分离方法有凝胶过滤、离子交换、亲和层析、疏水层析、聚焦层析、亲和分配、亲和沉淀等。在这些高分辨力的纯化技术中，层析是最好的方法，在实验室或在工业生产中的有效性都得到证实。

发酵产品要按照有关部门制定的国家标准所规定的指标进行质量检验和性能测定，还要根据用户要求、使用、运输、储藏等情况，进行成品大包装、分包装。符合要求后才能成为合格产品，才能出厂。尤其是药品，为了保证药物的质量，用药的安全，对成品都必须进行各种检验。如抗生素成品常规检验一般包括性状及鉴别试验、安全试验、降压试验、热原试验、无菌试验、酸碱度测定、效价测定、水分测定、混浊度测定、色泽颗粒细度测定等。

5.4.7 “三废”处理和利用

在发酵工业中，经常排放大量废水、废渣、废气，对环境造成污染和危害。但其中有些废物具有一定价值，是可以利用的。因而，开展“三废”处理和综合利用也是发酵生产中重要的一步。如各类有机溶剂、草酸等化工原料的回收；从柠檬酸发酵菌丝体中粗制果胶酶，用于橘子脱囊衣；从酒糟下脚料中提取

23－核苷酸；用酒糟下脚料培养白地霉以作饲料；谷氨酸发酵后的菌体通过自溶提取5－肌苷酸等药物以及强力味精；从链霉素、庆大霉素的发酵液中回收维生素 B_{12}等。真正做到回收资源，保护环境。

发酵工业产品类型多、涉及面广。产品广泛用于医药、食品、轻工、农牧等领域中，在国民经济中具有一定的地位与比重，具有广泛的社会效益。目前发酵工业在整个国民经济中占1%左右的比重，在有些发达国家中，发酵工业的总产值约占国民经济总生产值的5%，产品市场的年平均增长率达7%左右。从长远发展看，随着整个科学技术的发展特别是生物科学技术和分子生物学的发展，发酵工业已经进入到一个新的阶段，生物技术的产值将有较大的发展，宛如作为20世纪特征的以化学和物理学为基础的工业一样，生物技术将会作为21世纪特征的工业而崛起。

生物技术的迅速发展，已提供出更多的生物细胞，而这些生物细胞又必须通过发酵过程才能取得商业化的产品，成果或效益必须以成品来体现。在基因工程和细胞工程中，基因重组或细胞融合获得的新品种，必须进行微生物发酵和产物的分离纯化研究，获得产品和经济效益才能体现出生物工程的优越性。可见基因工程和细胞工程离开发酵工程就无法最终体现出它的新的生命力。在酶工程中，目前多数具有工业化意义的酶基本上都是微生物发酵获得的。离开发酵工程，酶工程将成为无本之木，因此酶工程与发酵工程有着十分密切的依赖关系。所以，应该说，现代发酵工程是生物技术的重要内容之一，是生物技术实行工业化的基础和必由之路，是生物工程的归宿。从另一方面来说，发酵生产从菌种、发酵调控到管理都与当前的技术进步密切相连。现在菌种选育不仅能利用现代化科技进行高效的常规选育，而且已经开始逐步采用基因工程、细胞融合等最新生物技术将外来基因引入微生物细胞内，使微生物细胞按照人类的需要合成某些产品；发酵条件控制也在积极进行探索，按照微生物生理和代谢特性以及产物的合成途径进行调控；在工程方面，不仅设计了多种形式发酵设备，以满足各类微生物和各种产品的生产，同时随着电子计算机的应用，各种敏感的测试元件的出现，发酵工业已经逐步应用微机控制进行发酵生产；对发酵数学模型的研究，也将进一步促使发酵工业朝着模拟化、自动化、最优化方向前进。

发酵工业已经发展成为规模庞大的现代化企业，今天的发酵工业与过去相比，具有范围更广、技术更复杂、要求更高等特点。随着分子生物学、量子生物学、遗传学、生化工程学等学科和技术的发展，发酵工业必将发生新的划时代的变化。

6 现代生物技术与人类健康

医药卫生领域是现代生物技术最先登上的舞台，也是目前现代生物技术应用最广泛、成效最显著、发展最迅速、潜力最大的一个领域。据统计，目前生物技术的实际应用约60%是在医药卫生领域，这是因为生物技术可以在许多方面改进药品、开发新药资源、改善医疗手段，从而提高整体医疗水平。

6.1 免疫系统

6.1.1 致病微生物

自从人类来到这个世界上就在不断接触着形形色色的肉眼看不到的微生物，即对人类有害的病毒、细菌、真菌和寄生虫等，它们能够导致人类患很多疾病，比如人们常见的肝炎病毒、艾滋病毒、流感病毒、狂犬病毒。

我国《传染病防治法》参考国际分类标准，将传染病分为甲、乙、丙三类。

甲类传染病：鼠疫、霍乱。

乙类传染病：病毒性肝炎、细菌性和阿米巴性痢疾、伤寒、艾滋病、淋病、梅毒、脊髓灰质炎、白喉、百日咳、流行性脑脊髓膜炎、猩红热、肾综合征出血热、钩端螺旋体病、布鲁杆菌病、炭疽、流行性和地方性斑疹伤寒、流行性乙型脑炎、黑热病、疟疾、登革热、肺结核、新生儿破伤风。

丙类传染病：血吸虫病、绦虫病、包虫病、麻风、流行性感冒、流行性腮腺炎、风疹、急性出血性结膜炎，除霍乱、痢疾、伤寒和副伤寒以外的感染性腹泻。

6.1.2 抵御疾病的防线

在和疾病长期的斗争中，人类自身形成了一套抵御病原菌侵犯的保卫系统即免疫系统。该系统由免疫器官（骨髓、胸腺、脾脏、淋巴结、扁桃体、小肠集合淋巴结、阑尾等）、免疫细胞（淋巴细胞、单核吞噬细胞、中性粒细胞、嗜碱粒细胞、嗜酸粒细胞、巨大细胞、血小板等），以及免疫分子（补体、免疫球蛋白、干扰素、白细胞介素、肿瘤坏死因子等细胞因子）组成（图6-1）。构成免疫系统的核心成分是淋巴细胞，它使免疫系统具备识别能力和记忆能力。淋巴细胞经血液和淋巴液周游全身，使分散各处的淋巴器官和淋巴组织连成一个功能整体。

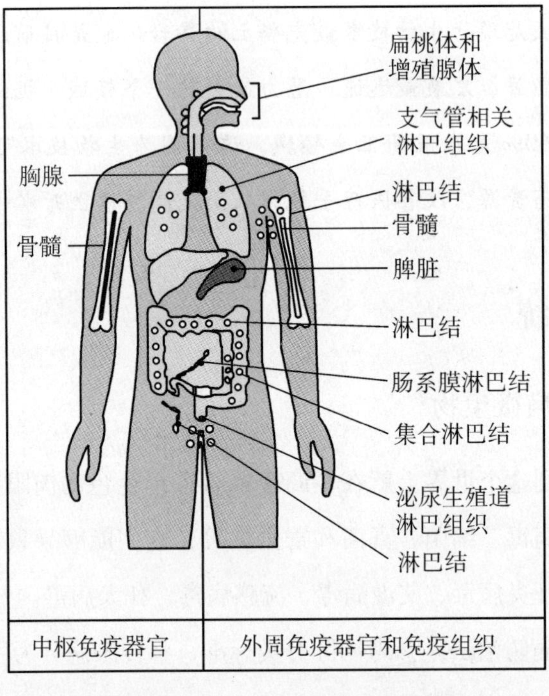

图6-1　人体的免疫系统

免疫系统是生物在长期进化中与各种致病因子的不断斗争中逐渐形成的，在个体发育中也需抗原的刺激才能发育完善。各组分广布全身，错综复杂，特别是免疫细胞和免疫分子在机体内不断地产生、循环和更新；具有高度的辨别力，能接受、传递、扩大、储存和记忆有关免疫的信息，针对免疫信息发生正应答和负应答并不断调整其应答性。

免疫系统各组分功能的正常是维持机体免疫功能相对稳定的保证，任何组分的缺陷或功能亢进都会给机体带来损害。免疫系统功能的失调对人体极为不利：人体的识别能力异常，容易导致过敏现象的发生（食用某种食物、注射药物出现过敏反应，甚至导致休克），反之则会引起反复感染；人体的自我稳定能力异常，会使免疫系统对自身的细胞做出反应，引发自身免疫疾病，诸如风湿性关节炎、风湿性心脏病等。人体的免疫监视的功能降低，如同失去了一位“警卫员”，使肿瘤有了可乘之机。

总体而言，人体免疫系统对人类的健康起着举足轻重的作用。

6.1.3 免疫大军的组成

人体的免疫系统像一支组织严谨的保卫部队，24 小时昼夜不停地守卫着人体的健康。在任何一秒内，免疫系统都能协调调派不计其数、不同职能的免疫“士兵”从事复杂的任务，保护我们免受外来入侵物的危害，预防体内细胞突变引发的癌症（图 6－2）。如果没有免疫系统的保护，即使是一粒灰尘就足以让人致命。根据医学研究显示，人体 90% 以上的疾病与免疫系统失调有关。下面我们详细介绍一下这支大军的机构、关隘和工作程序。

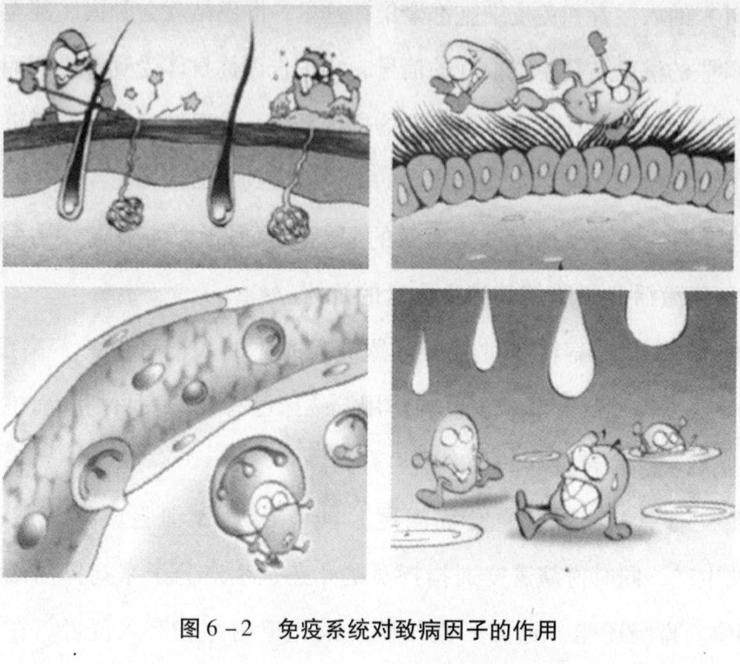

图 6－2　免疫系统对致病因子的作用

1）士兵工厂：骨髓红细胞和白细胞就像免疫系统里的士兵，而骨髓就负责制造这些细胞。每秒钟就有 800 万个细胞死亡并有相同数量的细胞在这里生成，因此骨髓就像制造士兵的工厂一样。

骨髓是主要的造血器官，是各类血细胞生成场所，胚胎期血细胞最早在卵黄囊，后移至胚肝和胚脾，最后由骨髓替代。成年期造血功能主要发生在胸骨、脊椎不规则骨及髂骨和肋骨等扁骨的红髓。血细胞的祖先是多能干细胞，继而增殖分化为淋巴系和髓系干细胞，再进一步增殖分化为单能干细胞或前体细胞进入血流，人类的前体 B 细胞一直留在骨髓内直至成熟。

2）训练场地：胸腺是免疫大军各军兵种的训练厂，各兵种在这里进行历练和分工。T 细胞在胸腺内进一步分化和成熟，所以 T 细胞亦称胸腺依赖性 T 淋巴细胞。骨髓中的 T 淋巴系前体细胞（前体 T 细胞）经血循环进入胸腺后，在胸腺激素影响下，最终分化为成熟 T 细胞，随后释放入血液循环中，和 B 细胞一起到达淋巴结、脾脏和扁桃体等组织或器官，分别定居在固定的部位，成为机体的“常驻警卫部队”。当病原体等抗原物质入侵就能发生特异性免疫应答反应，产生免疫物质与之对抗。

3）战场：淋巴结是一个拥有数十亿个白细胞的小型战场。当因感染而需开始作战时，外来的入侵者和免疫细胞都聚集在这里，淋巴结就会肿大，甚至我们都能摸到它。肿胀的淋巴结是一个很好的信号，它正告诉你身体受到感染，而你的免疫系统正在努力地工作着。作为整个军队的排水系统，淋巴结肩负着过滤淋巴液的工作，把病毒、细菌等废物运走。人体内的淋巴液大约比血液多出 4 倍。

4）过滤器：脾脏承担着过滤血液的职能，除去死亡的细胞，并吞噬病毒和细菌；它还能激活 B 细胞使其产生大量的抗体。

5）咽喉守卫者：扁桃体对经由口鼻进入人体的入侵者保持着高度的警戒，在保护上呼吸道方面具有非常重要的作用，临床已有证据表明割除扁桃体的人患上链球菌咽喉炎和霍奇金病的概率明显升高。

6）免疫助手：盲肠（通常称阑尾）能够帮助 B 细胞成熟发展以及抗体（IgA ）的生产，同时扮演着交通指挥员的角色，生产分子来指挥白细胞到身体的各个部位。盲肠还能“通知”白细胞在消化道内存在有入侵者。在帮助局部免疫的同时，盲肠还能帮助控制抗体的过度免疫反应。

7）肠道守护者：病原微生物最易入侵的部位是口，而肠道与口相通，所以肠道的免疫功能非常重要。集合淋巴结是肠道黏膜固有层中的一种无被膜淋巴组织，富含 B 淋巴细胞、巨噬细胞、少量 T 淋巴细胞等。对入侵肠道的病原微生物形成一道有力防线。

8）工作过程：当细菌、病毒等致病微生物侵入后，免疫系统中的巨噬细胞作为整个大军的前沿部队，首先发起进攻，将致病微生物吞噬到“肚子”里，通过酶的作用，将“俘虏”分解成一个个片断，并将片断显现在自身表面而成为抗原，通过信号让免疫系统中的 T 细胞知道自己已经吞噬过入侵的病菌。T 细胞与巨噬细胞表面的微生物片断，或者说微生物的抗原，两者相遇即发生反应。这时，巨噬细胞便会产生出一种淋巴因子，作为一种信号用以激活 T 细胞。T 细胞一旦“醒来”便立即向整个免疫系统发出有“敌人”入侵的“警报”。免疫系统会在抗原递呈细胞（APC）的帮助下，激活杀伤性 T 淋巴细胞，对感染的细胞起到杀伤作用，限制微生物的感染，与此同时，活化的 T 细胞还能分泌一些细胞因子，这些细胞因子会进一步促进被抗原激活的 B 细胞产生大量的特异性抗体，来进一步限制微生物的感染。

通过以上一系列复杂的过程，这支免疫系统的庞大军队保护着人体的健康。当第一次的感染被抑制住以后，免疫系统会把这种致病微生物记录下来，若再受到同样的致病微生物入侵，免疫系统已经清楚地知道该怎样对付它们，并能够很容易、很准确、很迅速做出反应，将入侵之敌消灭（图 6－3）。

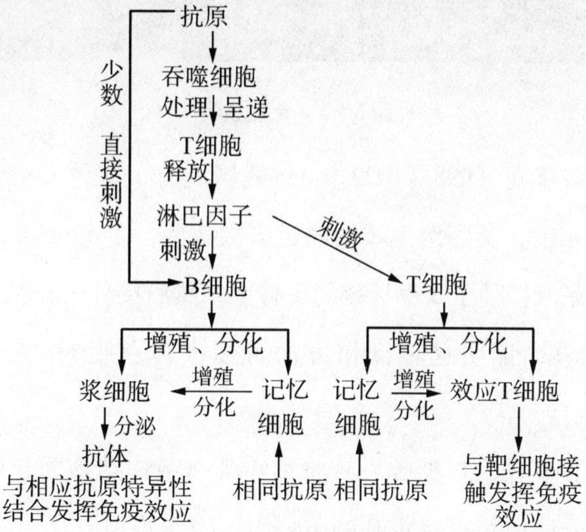

图 6－3　免疫效应的发挥

6.2 疫苗

6.2.1 疫苗的由来

疫苗能对多种造成巨大生命和财产损失的疫症如天花、流感等起到很好的防御作用，是人类历史上重要的发现之一（图6-4）。大家都接触、接种过疫苗，但并非所有人都清楚疫苗究竟是什么和其生产的过程，现在就让我们了解一下吧。

疫苗是将病原微生物（如细菌、立克次体、病毒等）及其代谢产物，经过人工灭毒或利用基因工程等方法制备的弱毒或无毒的病原体，而这些处理过的病原体的好处在于，将其接种感染人体，人体可获得相应免疫力却不发病。

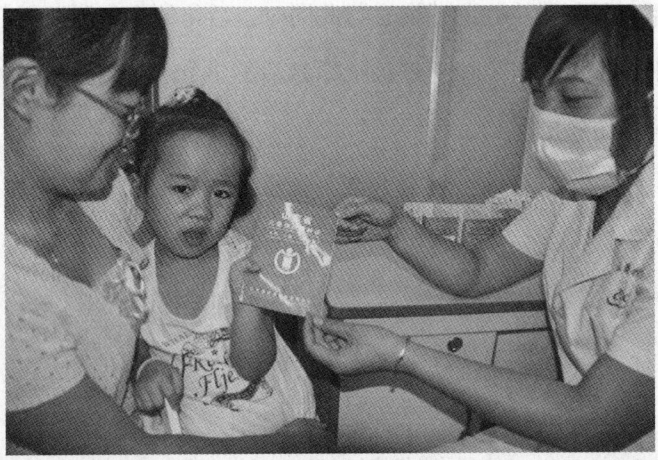

图6-4 免疫接种

早在宋朝真宗年间（998—1022年），我国就有了接种人痘预防天花的记载（图6-5）。200年前，英国医生琴纳经过多次实验，于1796年从一挤奶女工感染的痘疱中取出疱液接种于8岁男孩的手臂上，然后接种天花脓疱液给男孩，但男孩并未感染天花，证明这种操作方法可使人体获得对“天花”的免疫力（图6-6）。

1870年，法国科学家巴斯德发现将鸡霍乱弧菌连续培养几代后使毒力降到很低，给鸡接种能使鸡获得对霍乱的免疫力。减毒疫苗首次用于人类是在1885年6月，巴斯德用他制备的狂犬病疫苗挽救了一个男孩的生命。利用巴斯德建立的减毒方法，科学家们开发了许多人用疫苗。

20世纪70年代之后，随着现代生物技术的发展，疫苗的来源和制备方法也发生了重大变化。当前的疫苗包括灭活疫苗（死疫苗，选用免疫原性强的病原体，经人工大量培养后，用物理化学方法灭活制成）、减毒活疫苗（用减毒或无毒力的活病原微生物制成）、类病毒（用细菌的外毒素经甲醛处理制成）以及新型疫苗等。其中新型疫苗是利用现代生物技术免疫学、生物化学、分子生物学等研制出的新疫苗，包括基因工程疫苗、亚单位疫苗、基因工程载体疫苗、核酸疫苗、遗传重组疫苗和自身免疫疫苗等。

虽然疫苗被应用于预防疾病有许多成功的事实，但新的病毒不断产生（HIV，HCV，SARS等），而老的病毒（狂犬病毒等）又不断变异，都迫切要求疫苗开发要“与时俱进”。也有一些病毒，譬如1989年发现的丙型肝炎病毒，因组织培养上不能进行人工繁殖，加上复杂的相互拮抗的抗原表位的特点，使得疫苗开发更为困难。

增强免疫效果、简化接种程序、提高预防接种效益是疫苗的发展趋势；安全性、有效性和实用性是疫苗的基本要求。

图6-5　古代给人接种天花人痘

图6-6　琴纳给人接种天花脓疱液

6.2.2　疫苗的种类

疫苗分为第一类疫苗和第二类疫苗两种：

（1）第一类疫苗

政府免费向公民提供，公民应当依照政府的规定接种的疫苗（表6-1）。

表6-1 第一类疫苗免疫程序时间表

疫苗名称	0月龄	1月龄	2月龄	3月龄	4月龄	5月龄	6月龄	8月龄	18月龄	18~24月龄	2周岁	3周岁	4周岁	6周岁
乙肝疫苗	√	√					√							
卡介苗	√													
脊灰疫苗			√	√	√								√	
百白破疫苗				√	√	√				√				
白破疫苗														√
麻风（麻疹）疫苗								√						
麻腮风（麻腮、麻疹）疫苗										√				
乙脑减毒活疫苗								√			√			
A群流脑疫苗								√（间隔3个月）		√				
A+C群流脑疫苗												√		√
甲肝减毒活疫苗									√					

注：本表依据河南省卫生厅所颁发《儿童免疫接种证》（2012）

（2）第二类疫苗

由公民自费并且自愿接种的其他疫苗，主要有风疹减毒活疫苗、甲型肝炎疫苗、A群流行性脑脊髓膜炎疫苗、b型流感嗜血杆菌疫苗、麻腮风三联疫苗、水痘疫苗、肺炎球菌多糖疫苗、流行性感冒疫苗、狂犬病疫苗。

（3）疫苗制剂种类

a. 人工主动免疫制剂：灭活疫苗、减毒活疫苗、类毒素。

b. 人工被动免疫制剂：抗毒素、人免疫球蛋白制剂、细胞因子制剂、单克隆抗体制剂。

c. 新型疫苗：亚单位疫苗、结合疫苗、合成肽疫苗、基因工程疫苗。

6.2.3 疫苗的生产和制备

了解了上述情况之后，大家可能开始好奇疫苗是如何获得的了，现在就让我们对其生产制备进行一下了解。

基本流程（以甲型 H_1N_1 疫苗的生产过程为例）见图 6－7。

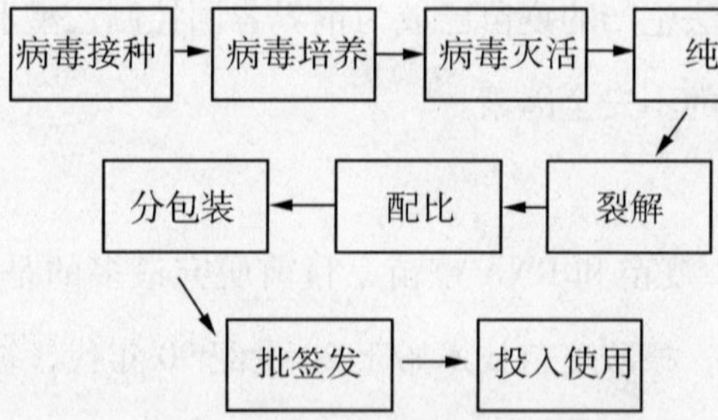

图 6－7　疫苗生产流程

不管是季节性流感疫苗还是甲型 H_1N_1 流感疫苗，其毒株都是由世界卫生组织分发，在分发前都经过安全性评估。

世界卫生组织送来的毒种是重组病毒株原始种子，保留了病毒的抗原性和复制能力，降低了病毒的致病力，对其进行稀释、扩增培养，再通过验证扩增数据，即可获得疫苗。具体做法是将稀释后的毒种接种在鸡胚的尿囊腔中（相当于人胚胎的羊水），随后将鸡胚放入密闭、无菌、恒温的孵化箱中使病毒快速繁殖。培养一定时间后，抽取尿囊腔里的液体，然后重复培养以获得适宜代次的毒种，保留成为疫苗生产用的种子批，如此反复，获得量产疫苗。

6.2.4　应用现代生物技术手段获得新型疫苗

（1）基因工程疫苗

基因工程疫苗，指使用 DNA 重组技术，把天然的或人工合成的遗传物质（目的基因）定向插入细菌、酵母菌或哺乳动物细胞（表达系统）进行表达，表达产物纯化后而制得的疫苗。基因工程疫苗的制备，需要选择合适的目的基因进行修饰与改造，再选择合适的表达系统进行表达生产。

乙肝病毒（HBV）基因工程疫苗是利用基因工程技术最成功的例子之一。我国第一个 HBV 疫苗是 1984 年获准生产的，从 HBV 携带者血液中纯化获得，属于血液制品；因担心病毒在血液制品中未能被完全减毒灭活，人们普遍抵触血液制品。HBV 的基因为 3 600 余个碱基组成的环状结构，可编码 7 个抗原蛋白，找到这些抗原蛋白的编码基因，利用哺乳动物细胞 CHO 株将其表达，得到的 S 蛋白抗原能有效地诱导抗 HBV 的抗体反应和细胞免疫应答，量产即为 HBV 基因工程疫苗。当前上述方法生产的疫苗已成为世界各国控制乙型肝炎流行的重要武器，而且没有血液制品的不安全因素。

（2）核酸疫苗

核酸疫苗包括 DNA 疫苗和 RNA 疫苗，目前研究最多的是 DNA 疫苗。作为一种新的免疫接种手段，核酸疫苗技术始于 20 世纪 90 年代，被称为“第三次疫苗革命”。

DNA 疫苗的抗原基因可以是某一种抗原的单基因或基因片段，也可以是多个目的基因或嵌合型基因。操作时先制备出所需外源基因，再通过 DNA 疫苗免疫接种将外源基因导入机体进行表达完成接种，外源基因在人体表达后产生抗原，引起免疫反应，实现对疾病的预防和治疗。DNA 疫苗的免疫接种途径有肌内注射法、基因枪介导的皮内或皮下注射以及黏膜表面涂布等 3 种。

目前，DNA 免疫接种的领域正在迅速发展，已经发展的现行疫苗不仅使用 DNA，而且还包括有助于 DNA 进入靶细胞或者起佐剂作用的附加物。

乐观的预想是菌体细胞衍生的 DNA 质粒可能会成为首先获准上市的核酸疫苗，再往后，也可能会有采用 RNA 或用核酸分子和其他成分复合物的疫苗面世。随着研究的深入和技术改进，DNA 疫苗将会为人类造福。

（3）肿瘤疫苗

一个很好的肿瘤防治方案是通过肿瘤疫苗诱导机体自行抑制或免疫扼杀肿瘤细胞。在特效抗肿瘤药物出现之前，肿瘤疫苗的研究意义深远，有些种类的肿瘤疫苗，如癌基因疫苗，多肽疫苗和独特型疫苗研究已取得了一定进展。

1）肿瘤细胞疫苗：用免疫佐剂来增强肿瘤的免疫原性提高免疫识别能力，肿瘤就可被免疫系统识别，进而实现防治的目的。基于此，采用自体或同种异体肿瘤细胞或肿瘤细胞的裂解物，添加佐剂即可制成肿瘤细胞疫苗。

用逆转录病毒、腺病毒等载体将外源基因导入肿瘤细胞可制成基因工程疫苗，能降低肿瘤细胞的致瘤性，提高免疫原性。转染的外源基因主要有组织相容性复合体（MHC）基因、B7 分子细胞因子、黏附分子等。

2）胚胎抗原疫苗：许多人类肿瘤表达胚胎抗原，譬如癌胚抗原（CEA）在90%以上的直肠癌、胃癌、胰腺癌，50%乳腺癌和70%的非小细胞肺癌均有表达。针对包括CEA在内的胚胎抗原制备疫苗可使许多相应个体产生免疫力，不用再为不同病人分别制备。

3）癌症疫苗：原癌基因激活、扩增而过度表达或抑癌基因突变的产物等具有高度免疫原性，可成为免疫系统的靶标。以原癌基因产物作为肿瘤抗原和免疫治疗的靶标是目前研究的热点之一，已展示出可喜的前景。

除以上三种外，肿瘤疫苗还有合成多肽肿瘤疫苗，也可用肿瘤细胞冲击APC或以双特异（功能）抗体修饰肿瘤细胞进行制备。

（4）艾滋病疫苗

艾滋病，是由一种单链RNA逆转录病毒即人免疫缺陷病毒（HIV）引起的，在全球范围内受到广泛关注，获得艾滋病特异、灵敏、有效的疫苗，对控制艾滋病感染及治疗具有重要意义。

1）艾滋病病毒侵入人体后的基因表达：HIV侵入细胞后引起细胞病变并导致细胞死亡。不同的病毒株感染细胞的差别很大，反映了自然界存在大量的变异株。HIV以原病毒形式整合在细胞染色体上时，机体不表现出受损害的症状，但可利用宿主细胞的转录和合成系统产生病毒mRNA，其中部分转成病毒蛋白，与基因组RNA形成新病毒，随宿主细胞的裂解而释放，然后侵染其他宿主细胞。

2）艾滋病疫苗的研究现状：目前已有的治疗艾滋病有效的药物和手段对大多数患者来说，价格昂贵而难以承受，迫切需要开发有效而安全实用的疫苗，相关探究工作正在持续开展且取得了一定的成果。

采用化学及照射方法可制备HIV灭活疫苗。将用这种方法制备的猴免疫缺陷症病毒灭活疫苗接种到黑猩猩体内，再用大剂量的该病毒做攻击实验，黑猩猩体内出现相应抗体，而且病毒逐渐从血液中消失。将完整的HIV病毒灭活疫苗注射给患者，可使患者血清HIV阳性转阴性。不过这种疫苗的安全性尚待评估，且能否诱导机体产生抗HIV的细胞毒性T细胞（CTL）免疫应答还未能被证实。

关于HIV减毒活疫苗的设想在1992年被提出，并用nef基因缺陷的活病毒在恒河猴上进行了实验，恒河猴免疫后激发出病毒特异的CTL反应，同样的实验在野生猕猴群中没有得到重复。很多学者同样对减毒疫苗的安全性持怀疑态度。

用 HIV－1 Env V3 区合成肽制备的克隆抗体（McAb）在体外能部分抑制 gp120 与 CD4 分子的结合，V3 肽段可以刺激动物和人产生抗 HIV 中和抗体和 CTL 应答。但是，由于 V3 区的氨基酸排列在不同株间有一定差异，该疫苗实现临床应用还需克服大量困难。

抗独特型（Id）抗体优点在于不含 HIV 基因和蛋白，缺点是有可能引起免疫抑制。实验证明，用鼠抗 CD4 McAb 免疫恒河猴和狒狒产生了抗 HIV gp120 的抗体，即 Id 抗体可模拟 CD4 分子而与 HIVgp120 结合，抵抗 HIV 感染。目前，正在 HIV 阳性志愿者中进行抗 CD4 Id 抗体疫苗的Ⅱ期临床试验。

直接向宿主体内注射 DNA 疫苗是一个新的免疫学思路。在非人灵长类动物的研究中，以 HIVgp160DNA 质粒表达载体接种及加强免疫黑猩猩，产生了中和免疫应答和 T 细胞增殖应答。用 HIV－1 包膜蛋白 DNA 疫苗免疫恒河猴，也产生了免疫应答。与此相似，用编码病毒包膜及核心蛋白的 DNA 质粒疫苗免疫恒河猴，产生了 CTL 应答。最近，用 HIV－1 包膜蛋白 DNA（多剂量）初次免疫，再用包膜蛋白 DNA 加上包膜蛋白加强免疫黑猩猩，诱发机体产生了免疫应答，此应答可保护动物免遭 HIV－1 嵌合病毒的感染。这一方法为在人类身上获得保护性免疫提供了希望。

鉴于艾滋病的蔓延愈演愈烈，人们对 HIV 疫苗的研制投入了更多的关注。经过 20 年的精心研制，美国已有 HIV 疫苗问世，但仍有很多问题有待进一步解决。

（5）自身免疫疾病疫苗

能与自体蛋白相互识别从而造成对自身正常组织器官攻击的 T 细胞，在发育过程中一般都会被除去，也即正常情况下免疫系统不会攻击自身的正常组织细胞。但若在特殊情况下这类 T 细胞幸存下来的话，就会构成自身免疫性疾病，损伤人体正常组织器官。目前尚未找到既能杀伤这类 T 细胞，又不对整个免疫系统造成重大损失的药物。不过，最近多发性硬化症疫苗的研究发现还是让人们看到了自身免疫疾病治疗的希望。

多发性硬化症是由于自身 T 细胞攻击神经髓鞘细胞而造成的。神经细胞外起保护作用的髓鞘发生损伤，可造成多发性硬化症患者瘫痪。从多发性硬化症患者的体内取出T细胞进行体外培养、增殖后，与髓磷脂性蛋白抗原相互作用，获得自发攻击髓鞘细胞的T细胞；然后通过放射性照射，减弱了其活性，将减毒的T细胞疫苗接种给患者，结果发现患者体内可攻击自身正常细胞的T细胞数量明显减少。用这种方法治疗患者必须对其自身的T细胞进行体外培养、增殖，不得有任何交叉污染，制备的减毒T细胞疫苗是高度个人化的，医疗成本非常高。

开发自身免疫疾病疫苗，已看到曙光，但尚有很长的路要走。

（6）其他疫苗

1）移植器官排斥反应的预防疫苗：被动免疫是防止器官移植过程中发生免疫排斥的一种方法，施用时给患者特殊的抗体，使它能与特定的淋巴细胞相结合，从而消除针对移植器官的免疫反应。

在美国，鼠单抗克隆抗体OKT3是被批准使用的第一个移植器官抗免疫反应药物。不同的T细胞或作为辅助细胞或作为效应细胞，在免疫排斥过程中起作用，OKT3单克隆抗体可以与T细胞表面受体CD3相结合，阻止免疫反应发生，保护移植器官不被排斥。

2）避孕疫苗：精子和卵子的产生、受精及妊娠过程需要多种激素的参与，若以这些激素作为抗原，免疫男性或女性以产生相应的中和抗体，降低机体内相应的激素水平，就能使精子或卵子不能产生或难以受精或不能怀孕，实现避孕目的。精子疫苗避孕就是利用精子的特异性蛋白质为抗原，免疫男性或女性，达到减少精子的产生或阻断受精过程，实现避孕目标的。目前作为抗原用的精子特异蛋白质主要有乳酸脱氢酶C－4，SP－10，顶体蛋白，FA－1，AH－20和PH20等几种。

3）活体重组疫苗：两种方法可以获得活体重组疫苗。一是利用基因工程方法对细菌和病毒进行改造，使它产生免疫原性；二是通过基因工程使致病性微生物失去致病能力但保留免疫原性。

4）治疗性疫苗：治疗性疫苗是指有别于传统概念的、对传染病具有预防作用的疫苗，而主要针对一些慢性感染、肿瘤、自身免疫功能紊乱、过敏性疾病等具有治疗意义的疫苗类生物制品。可用于病毒性感染疾病、心血管疾病、细菌造成的血液感染及烟瘾和毒瘾等治疗。

多数治疗性疫苗都还处在试验阶段，仅有极个别治疗性疫苗被批准进入临床试验。

6.3 生物制药

6.3.1 生物制药的含义

生物制药通常是指利用生物体、生物组织或其成分，综合运用生物学、生物化学、微生物学、免疫学、物理化学和药学的原理与方法进行加工、制造的一大类用于预防、治疗和诊断疾病的药物。广义的生物药物是指从动物、植物、微生物等生物体中制取的以及利用现代生物技术生产的生物体内存在的天然活性物质及人工合成或半合成的天然活性物质的类似物（图6-8）。

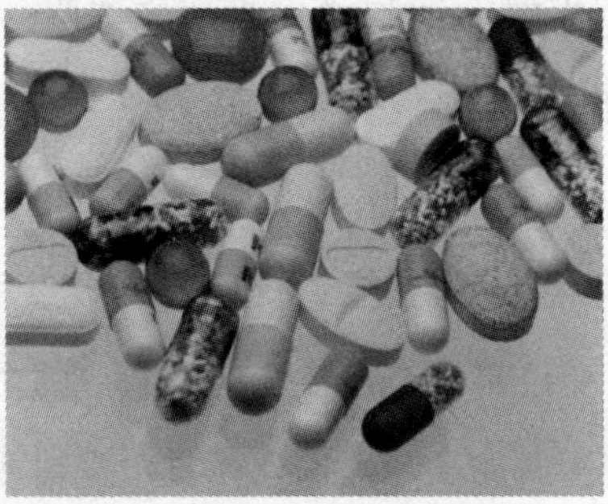

图6-8 市面上的生物药品

生物技术是应用生命科学研究成果，按照人们的意愿，设计并改造生物有机体或其组成部分的一种技术体系。通过该技术，可以发掘有效的生物资源，分析作用原理，设计制作过程，获得相应的药物，为人类的健康事业做出贡献。运用现代生物技术可以生产常规方法不能生产或者生产成本高昂的药品，开发新的特效药物以及灵敏度高、专一性强、实用性强的临床诊断试剂，探寻某些疑难病症的病理和医疗新方法。

20世纪90年代以后，随着人类基因组计划等各类生物基因组研究工作的展开，新基因不断被发现，新技术、新手段层出不穷，生物技术进入了蓬勃发展的新时期。同时，生物技术产业迅速崛起，已成为国际市场竞争的第二个热点领域。

生物制药分为两类：一类是天然来源的药物，包括从生物体中分离、纯化得到的生物活性物质，如维生素、激素、多肽、糖苷类等，以及以微生物、生物组织、人或动物的血液等为原料制得的生物活性制剂、血液制品、抗血清、抗毒素等；另一类是生物工程药物，利用重组 DNA 技术生产的多肽、蛋白质、酶、激素、疫苗、单克隆抗体和细胞生长因子等。

6.3.2 生物药物的来源

（1）植物来源的药物

据不完全统计，全世界大约 40% 的药物来源于植物。药用植物中具有药物功能的物质种类繁多，结构复杂。主要包括以下几类：

1）糖和糖苷类：人参、灵芝、黄芪、枸杞、香菇、刺五加、茯苓等的多糖在抗肿瘤、肝炎、心血管疾病及抗衰老等方面具有独特的生物活性。糖苷类是由糖或糖的衍生物与另一非糖物质（称为苷元或配基）反应而成的一类化合物。几乎所有的天然产物如黄酮素、蒽醌素、苯丙素、萜类、生物碱素等均可与糖或糖的衍生物形成苷。

2）苯丙素类：主要有苯丙酸类，如对羟基桂皮酸、咖啡酸、阿魏酸、芥子酸等，从莱蓟中分离得到的莱蓟素是一种利胆保肝成分；香豆素类，伞形科植物中许多香豆素有血管扩张作用，双香豆素的某些类似物是临床上的一类抗凝血药物；木脂素类，如鬼臼毒素类木脂素具很强的细胞毒活性，能显著抑制癌细胞增殖，有对抗麻疹和单纯疱疹的作用。

3）醌类：主要有苯醌类，如已用于治疗心脏病、高血压及癌症的辅酶 Q10；萘醌类，如具有抗菌、抗癌及中枢神经镇静作用的胡桃醌，具有止血、消炎、抗菌、抗病毒及抗癌作用的紫草素及异紫草素类衍生物；菲醌类，如从丹参根中提取菲醌类化合物具有抗菌及扩张冠状动脉的作用，由丹参醌ⅡA 制得的丹参醌ⅡA 磺酸注射液可增加冠脉流量，有治疗冠心病、心肌梗死的功效；蒽醌类，如治疗疥癣等症效果较好的柯桠素。

4）黄酮类：广泛分布在高等植物及羊齿类植物中，生理活性多种多样，可以治疗冠心病，降低血脂及胆固醇，治疗肝炎、肝硬化和中毒性肝损伤，消炎、抗菌、抗病毒，止泻、解痉，止咳、祛痰、平喘，以及雌性激素样作用。

5）萜类：是一类具有广泛生物活性的重要的天然化学药物。根据分子结构中异戊二烯单位的数目可分为半萜、单萜、倍半萜、二萜、二倍半萜、三萜、四萜、多聚萜。一些常用的植物药如人参、甘草、柴胡、桔梗、远志等都含有三萜及其皂苷；四萜类化合物主要为胡萝卜羟色素，多聚萜类化合物主要为橡胶及硬橡胶。

6）甾体及其苷类：包括C21甾类、强心苷类、甾体皂苷类、植物甾醇、昆虫变态激素、胆酸类。其中C21甾类具有抗炎、抗肿瘤、抗生育等生物活性；强心苷类具有强心作用，主治充血性心力衰竭及节律障碍等心脏疾病；甾体皂苷类化合物具防治心脑血管疾病、抗肿瘤、降血糖和免疫调节等作用引起了广泛关注。

7）生物碱：广泛分布于植物界，许多重要的植物药都含有生物碱成分，如鸦片、麻黄、金鸡纳、洋金花、秋水仙、延胡索、苦参、长春花、三尖杉、乌头等。不同植物中的生物碱成分不同，分别有镇痛、平喘、抗菌、解痉、解有机磷中毒等功效。

（2）动物来源的药物

从动物体中分离和提纯药物成为可能，操作对象包括动物的组织、器官、腺体、体液、分泌物以及皮、骨、角、甲和胎盘等，药物的种类与用途如下：

1）动物多肽与蛋白质类药物：主要有多肽类激素、多肽类细胞因子、蛋白质激素、血浆蛋白质、蛋白质类细胞因子、黏蛋白、胶原蛋白、碱性蛋白、蛋白酶抑制剂等。

2）动物酶与辅酶类药物：主要种类有促消化酶类、消炎酶类、与纤维蛋白溶解作用有关的酶类、抗肿瘤酶、其他药用酶类。早期酶制剂主要用于消化道疾病、烧伤及感染引起的炎症疾病，现已广泛用于溶解血栓、降血压、抗肿瘤、抗过敏以及改善组织缺氧性等。超氧化物歧化酶（SOD）是一种重要的氧自由基清除剂，临床上应用于自身免疫性疾病，如类风湿关节炎、红斑性狼疮、肺气肿等，也用于抗肿瘤、抗辐射，治疗氧中毒、心肌缺氧与缺血等。

3）动物核酸类药物：共有两类，一类是具有天然结构的核酸类物质，另一类是自然结构碱基、核苷、核苷酸结构的类似物或聚合物。前者是生物体合成的原料，或者是蛋白质、脂肪和糖生物合成、降解及能量代谢的辅酶，缺乏这类物质会阻碍生物体的代谢，生物体出现病变。后者是治疗病毒、肿瘤、艾滋病的重要手段，也是产生干扰素、免疫抑制的临床药物。

4）动物多糖类药物：包括肝素、硫酸乙酰肝素、硫酸软骨素、硫酸皮肤素、硫酸角质素、透明质酸、壳多糖和胎盘脂多糖等，具有多种生理活性，如调节免疫、抗感染、抗凝血、降血脂、抗动脉粥样硬化、抗辐射损伤、促进细胞 DNA 和蛋白质的合成及促进细胞的增殖和生长。

5）动物脂类药物：包括复合脂类和简单脂类两大类。前者包括与脂肪酸相结合的脂类药物，如卵磷脂及脑磷脂等；后者为不含脂肪酸的脂类，如甾体化合物、色素类等。该类药物的药理和作用各不相同，脑磷脂有止血、防止动脉粥样硬化及神经衰弱的作用；前列腺素 E_2（PGE2）有催产及引产作用；血卟啉及其衍生物可作为辅助剂用于肿瘤激光疗法。

6）动物细胞生长调节因子：包括细胞生长刺激因子类和细胞生长抑制因子类，是在体内或体外对效应细胞的生长、增殖和分化起调控作用的一类物质。

（3）人体来源的药物

这类药物与人体具有同源性，安全、稳定、效价高，具体种类及用途如下：

1）人血液成分制品和细胞因子：包括红细胞制剂、白细胞浓缩液、血小板制剂及新鲜冰冻血浆（图 6－9）。红细胞制剂可用于代替全血，治疗贫血症状；在特定情况下，白细胞浓缩液对癌症有很好的疗效；血小板制剂适用于白血病、淋巴瘤、再生性障碍性贫血等疾病。细胞因子包括骨骼生长因子（BGF）、红细胞生长因子（EPO）、白细胞介素－1（IL－1）、白细胞介素－2（IL－2）等。

2）人血浆和人体液细胞的综合利用：血浆中含有多种调节人体机能的蛋白质。主要是白蛋白（ALB）和免疫球蛋白（IG）；人体液细胞中的活性物质有调节免疫活性的干扰素 α 和白细胞介素－2、具有抗氧化作用的超氧化物歧化酶等。

3）人体来源的其他原料的利用：主要有人胎盘的利用，如人胎盘丙种球蛋白、人胎盘白蛋白等；人尿的综合利用，如从健康的男性尿液中制备尿激酶、激肽释放酶、蛋白酶抑制剂等，从妊娠妇女或绝经妇女的尿液中制备绒膜促性激素（HCG）等。

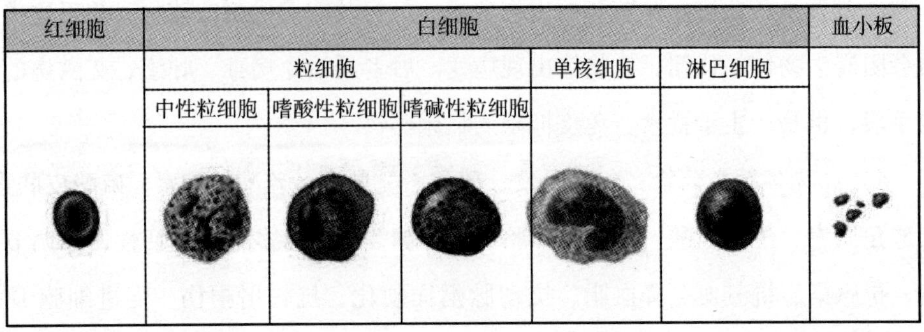

图6-9　人类的血细胞

（4）天然海洋药物

海洋生物占全球生物物种的2/3以上，开发天然海洋药物潜力巨大。20世纪70年代至今，我国在海洋药物研究方面取得了许多成果。例如，用海带中所含甘露醇和烟酸制成甘露醇烟酸片，具有降血脂和澄清血液作用；用合浦珍珠贝生殖腺制成珍珠精母注射液，治疗病毒性肝炎总有效率达75%，且无任何毒副反应；用海星类制成海星胶代血浆，具良好的胶体渗透压，能有效地扩充血容量，增加机体营养，促进机体组织恢复；用太平洋侧花海葵生产的海葵膏，可用来治疗痔疮；用鱼油生产的多烯康胶丸，具有降血脂、抑制血小板聚集、延缓血栓形成等作用；此外，还有用海藻开发的产品有褐藻淀粉酯钠、藻酸丙二酯、藻酸双酯钠、褐藻胶、琼胶、琼胶素、卡拉胶等。

（5）微生物药物

微生物药物的研究始于微生物拮抗或抗生现象的发现，即某些微生物的产物在较低的浓度就能高效抑制另一些（微）生物的生命活动。1876年廷德尔首次报道了青霉菌和细菌之间拮抗现象。1928年弗莱明偶然发现了治疗感染性疾病的青霉素，极大地鼓舞和激发了进行微生物药物研究的热情。1941年青霉素在美国开发成功，标志着抗生素时代的到来，人们认识到微生物生命活动中能够产生拮抗物质，当时不被重视的放线菌研究随即兴旺起来。

继青霉素应用于治疗之后，美国科学家瓦克斯曼第一个将从放线菌中发现的链霉素应用于结核病治疗并取得了理想疗效。他更大的贡献是提出了一整套从微生物中寻找抗生素的方法，为以后筛选抗生素创造了条件。随着研究工作的深入开展，人们陆续发现了金霉素、土霉素、四环素等四环类抗生素，卡那霉素、庆大霉素、新霉素、妥布霉素、小诺霉素等氨基糖苷类抗生素，红霉素、吉他霉素、螺旋霉素、麦迪霉素等大环内酯类抗生素，利福霉素等安莎类抗生素，制霉菌素、两性霉素 B 等多烯类抗真菌抗生素。这些抗生素广泛应用于临床，常见的传染病似乎都能得到医治，形成了抗生素的黄金时代。

20 世纪 60 年代以来，从微生物代谢产物中寻找具有除抗菌作用外的其他生理活性的物质，相继筛选得到抗肿瘤抗生素如柔红霉素、丝裂霉素 C、博莱霉素等，抗虫抗生素盐霉素、莫能菌素、阿弗米丁等，农用抗生素如春雷霉素、有效霉素、井冈霉素等，抗病毒抗生素如阿糖腺苷、偏端霉素 A 等具有应用价值的天然抗生素。

日本科学家梅泽滨夫提出了酶抑制剂的概念，开创了从微生物代谢产物中寻找其他生理活性物质的新时代。他也成为继弗莱明和瓦克斯曼之后，在抗生素研究领域中做出卓越贡献的第三位科学家。微生物药物起于酶抑制剂的研究，目前已拓展到免疫调节剂、受体拮抗剂、抗氧化剂等多种生理活性物质的筛选和开发研究。人们曾一度认为难以从微生物代谢产物中继续找到新抗生素了，但 HMG - CoA 还原酶抑制剂洛伐他丁、普伐他丁等降血脂作用的胆固醇生物合成抑制剂以及环孢菌素 A、雷帕霉素、FK 506 等免疫抑制剂的开发成功，让人们看到了更多的希望。近年来新的筛选模型的应用，使得微生物药物的研究进入了黄金时期，每年继续有约 500 种新化合物和一些老化合物的新生理活性被发现。

目前已有上百种抗生素先后用于临床的细菌感染治疗、肿瘤化疗、降血脂以及器官移植抗排异反应，微生物药物特别是抗生素的广泛应用使人类的平均寿命延长了 15 年。所有微生物发酵获得的药物广义上都可称为微生物药物，现约占全球医药生产产值的 50%。

6.3.3 基因工程药物

已知很多蛋白质与人类的疾病密切相关，譬如侏儒症与患者缺少生长激素有关，一些糖尿病是由胰岛素合成不足引起的，出血不止的血友病则是缺少凝血因子Ⅷ或Ⅸ导致的。治疗这类疾病的最佳方案是施用相应的蛋白质药物。靠传统方法生产这些蛋白质药物，产量和效率往往很低，难以满足临床需求，譬如提取5毫克的生长激素释放抑制因子需要50万头的绵羊脑，提取1微克人白细胞干扰素需要2升人血，生产10克胰岛素要用450千克猪胰脏。

基因工程药物是指利用重组DNA技术生产的多肽、蛋白质、酶、激素、疫苗、单克隆抗体和细胞生长因子等。利用基因工程技术从极端复杂的机体细胞内取出所需要的基因，将其在体外进行剪切拼接，重新组合，然后转入适当的细胞中进行表达，从而生产出比原来多数百、数千倍的相应蛋白质，产量和效率较以往有质的飞跃。采用该技术，提取5毫克的生长激素释放抑制因子只需9升细菌发酵液，而生产600微克人白细胞干扰素只需1升细菌发酵液；生产10克胰岛素只需200升细菌培养液。

此外，通过基因工程制药可大大降低生产成本并且所生产蛋白质药物安全有效，不用担心其他病原体的污染，也不用担心动物源药物的免疫原性。自1973年基因工程诞生至今，已经生产出许多传统技术难以获得的珍贵药品，主要是医用活性蛋白和多肽类。

基因工程药物前景诱人，世界各国均十分重视这项技术研究和开发。从1982年10月世界上第一个基因工程药物——胰岛素在美国上市至今，已有100多种药物经严格的动物药理、毒性试验及临床试验后获准批量生产并上市，300多种处于临床阶段，近千种处于研发状态，形成一个巨大的高新技术产业，将产生不可估量的社会效益和经济效益。

6.4 生物技术诊断

医学诊断技术分为传统诊断技术和现代生物技术诊断技术。传统的传染病诊断技术：一是根据临床症状判断，但这必须要求被感染者发病，根据病状进行判断，况且有些疾病临床表现非常相似，不具有典型性状，容易造成误诊；二是先对病原物质进行分离培养，对培养物进行生理生化检验，从而确定病原体的种类。这种方法需要花费较多时间，成本高、速度慢、效率低，另外，有些病毒类和衣原体类的病原体至今仍没有有效的体外培养方法，从而影响了诊断。

现代生物技术的开发应用，为医疗卫生领域提供了崭新的诊断和监测技术。人们对疾病，特别是传染病的诊断，一个很重要的问题就是如何尽早检测感染因子的种类，因为它对疾病的针对性治疗及其预后有着极其重要的意义。下面就为大家介绍几种常用的现代生物诊断技术。

6.4.1 ELISA 技术

ELISA 技术称为酶联免疫吸附检测技术。其原理是将酶与抗体（原）交联形成酶－抗体（原）复合物。利用抗原与抗体的特异结合以及酶将无色底物催化成有色底物，并根据在一定范围内酶量与颜色呈正相关的关系进行检测。根据底物颜色的有无以及颜色的深浅可以判断阴性或阳性反应以及反应强度，可以用于定性或定量分析。常用的 ELISA 技术包括以下两种：

1）测定抗体的间接 ELISA：病原体或其他外源大分子物质进入机体后都可能刺激机体产生相应的抗体，所以可以通过检测某种病原体的相应抗体来判断是否曾经被某种病原体所感染，达到诊断的目的（图 6－10）。

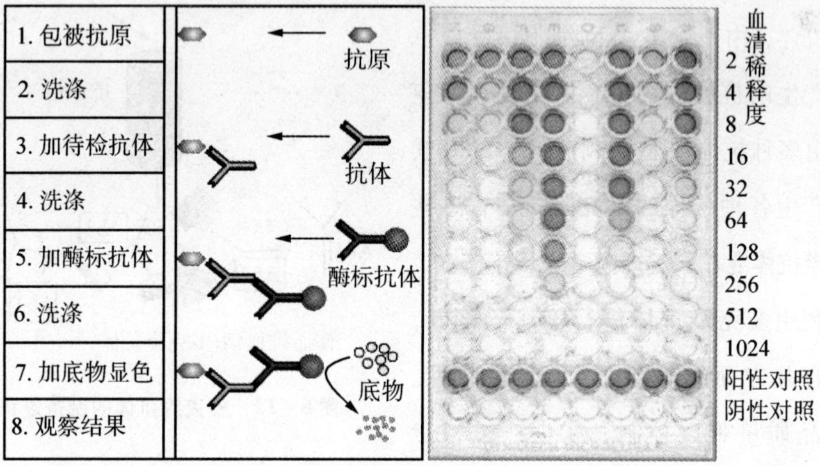

图 6－10 酶联免疫吸附试验（ELISA，间接法）

2）测定抗原的双抗体夹心 ELISA：病原体及其大分子物质进入机体后都可能成为一种抗原。所以检测机体内的抗原同样可以判断机体是否感染了相应的抗原（图 6－11）。

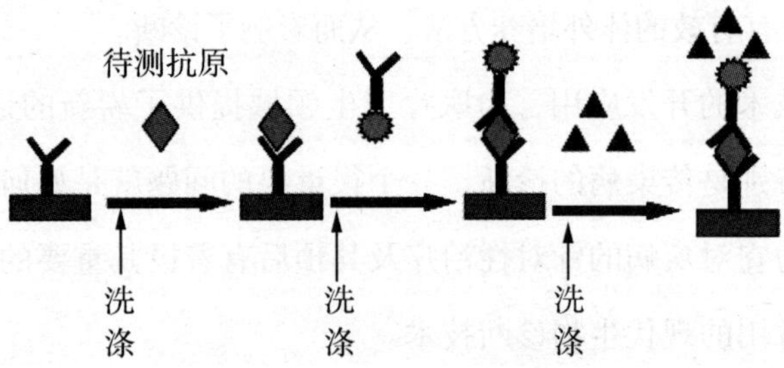

图6－11 双抗体夹心 ELISA

6.4.2 单克隆抗体和多克隆抗体

（1）单克隆抗体

具体见“3 细胞工程”之3.2.1“单克隆抗体技术”部分（030页）

（2）多克隆抗体

抗原刺激机体，产生免疫学反应的结果是产生与抗原有特异性结合能力的免疫球蛋白即抗体。抗原通常是由多个抗原决定簇组成的，由一种抗原决定簇刺激机体，由一个B淋巴细胞接受该抗原所产生的抗体称为单克隆抗体。相应的，由多种抗原决定簇刺激机体的时候就会产生各种各样的单克隆抗体，这些单克隆抗体混在一起即为多克隆抗体。

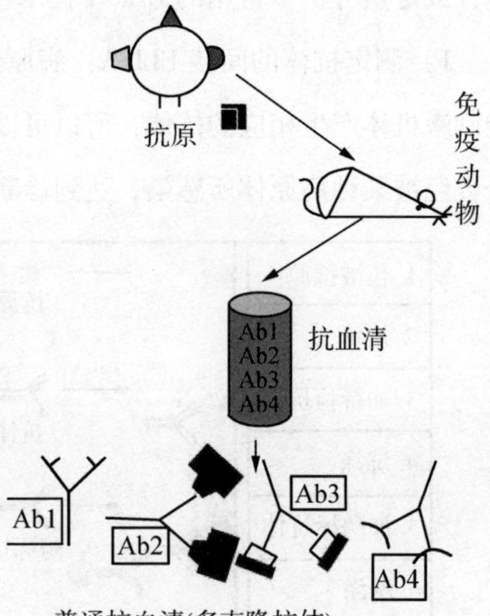

图6－12 多克隆抗体的制备过程

利用多克隆抗体进行疾病的诊断，至少有几方面的缺点：①特异性较低。②产品质量难以控制。③生产过程费时，步骤多且成本较高（图6－12）。

6.4.3 DNA 诊断技术

特定基因的改变可以使人患病，而任何一段决定特定生物学特性的DNA序列都是独特的，可用作专一性的诊断标记，此为DNA诊断的理论基础。

1978年Kan和Dozy首先应用羊水细胞DNA限制性片段长度多态性（RFLP）做镰状细胞贫血症的产前诊断，从而开创了DNA诊断的新技术。30多年来，DNA诊断技术取得了飞速的发展，建立了多种多样的检测方法，应用于遗传疾病、肿瘤、传染病等多种疾病的诊断。

（1）核酸杂交

单链的核酸分子在合适条件下通过碱基互补形成双链杂交体的一类技术称作核酸分子杂交技术。在核酸杂交实验中，为了区分杂交体和单链核酸分子，需要对参与杂交反应的核酸分子进行标记，被标记的核酸分子就是探针。杂交反应后，未参与杂交的分子会被洗脱下来，而标记探针能反映出靶序列的位置和多少。

DNA分子是由两条单链形成的双股螺旋结构，在一定条件下可出现变性或融解而形成无规则单链，消除变性条件后具有碱基互补区域的单链又可以重新结合复性形成双链。据这一原理，将一种核酸单链标记为探针，再与另一种核酸单链进行碱基互补配对，可杂交形成异源核酸分子的双链结构。不同来源的核酸单链形成杂交分子只需有一定程度的互补序列即可（图6-13）。

基因芯片技术是在一张固相支持介质上同时固定成百上千的核酸片段，再将扩增的核酸样品与之杂交，并采用荧光标记方式来提高杂交检测灵敏度的检测方法，主要应用于遗传疾病诊断、肿瘤的检测、治疗性药物的筛选和综合性疾病的早期诊断等。

人们已经成功地用探针直接和粪便样品、尿样、血样、喉洗液和组织样品中的目标DNA进行了杂交，不必再预先从样品中纯化DNA，大大提高了检测效率。目前已分离出100多个不同的DNA诊断杂交探针，用来鉴定各种细菌、病毒和寄生虫的致病株，比如导致人呼吸障碍的细菌嗜肺性军团菌、食物中毒的伤寒杆菌以及胃溃疡的肠毒性大肠杆菌（ETEC）等。从理论上讲，DNA杂交可用于所有致病微生物的检测（图6-14）。

样品中较小的目标分子，可通过PCR将目的序列扩增后再进行杂交检测。该技术使用时只需用PCR技术特异性地扩增出病原的某一特定序列进行分析即可，无需像常规方法那样进行细菌的分离培养。原位PCR（ISPCR）是指在细胞

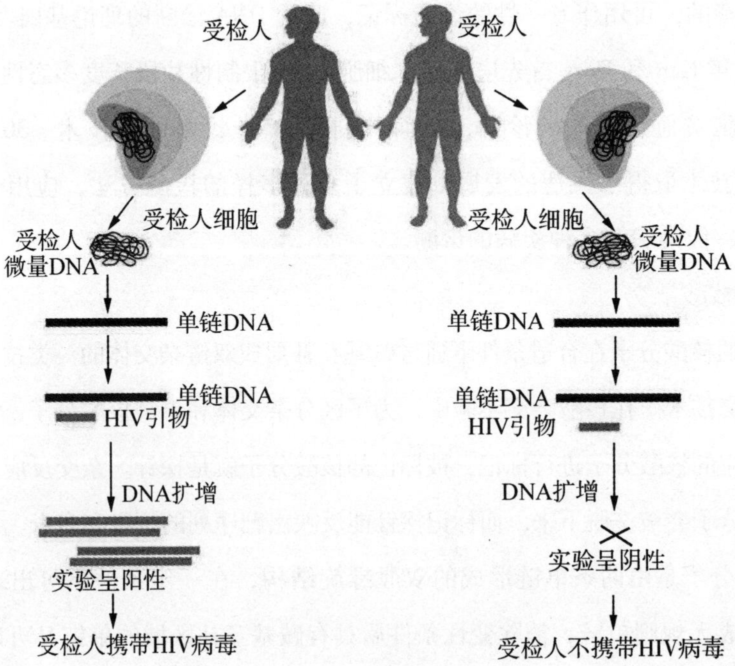

图 6－13　利用核酸杂交检测 HIV

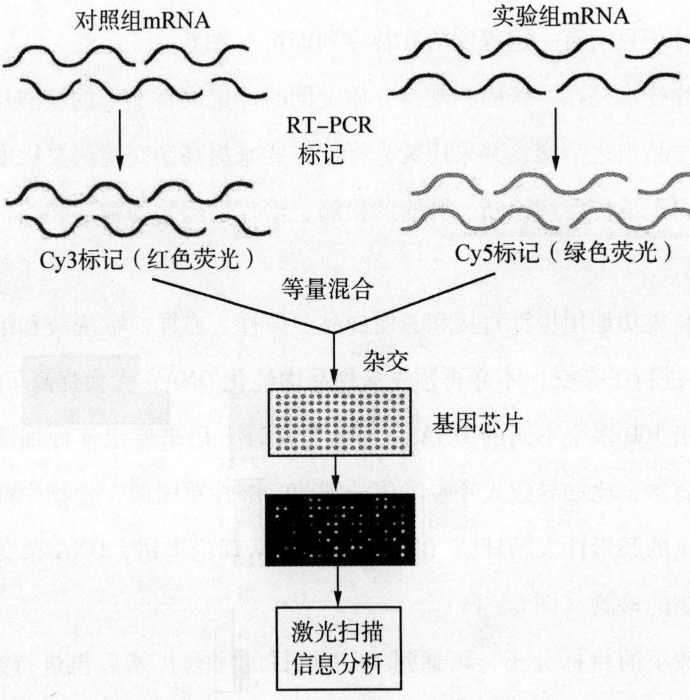

图 6－14　基因芯片技术

或细胞切片上对待检测的低拷贝数基因进行扩增，并通过原位杂交进行检测，既能够检测出病原微生物的存在，又能够将其在组织细胞中定位。利用DNA探针与PCR方法结合可以快速、灵敏地检测出某种特定的病原菌或病毒，做出快速诊断使患者能够及时得到合理的治疗。

疟疾诊断的关键是判定是否有疟原虫存在，免疫诊断的方法无法区分感染是正在发生还是曾经发生，而用DNA杂交诊断法检测疟原虫的DNA，则可提高诊断现在感染的准确性。10皮克纯化的疟原虫DNA，或是血样中1纳克的疟原虫DNA足以满足诊断需要。

（2）遗传疾病的基因诊断

早期的遗传检查几乎完全依赖于生物化学分析，即分析某种基因产物是否出现；用DNA诊断分析遗传疾病尤其是单基因遗传疾病，则直接对相应基因序列进行DNA水平分析，即可判断自己或是后代是否安全，不用再分析该突变的基因表达产物，适用于严重遗传疾病的产前诊断以及症状发生前的早期诊断（图6－15）。

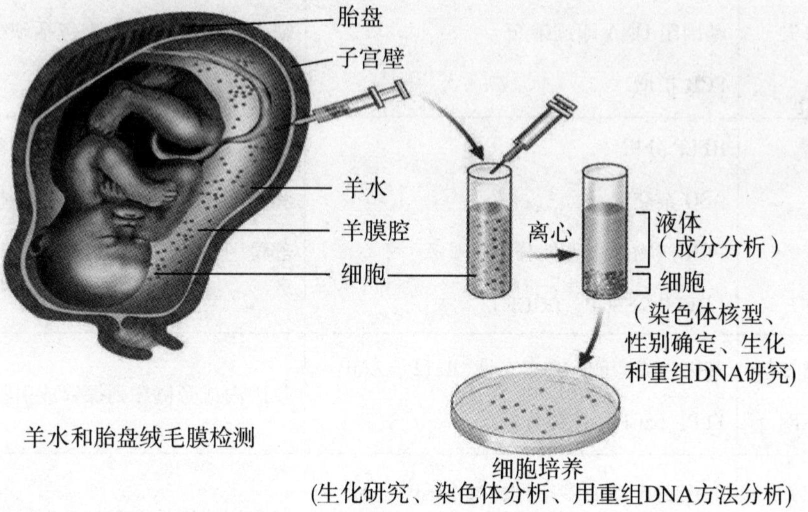

图6－15 遗传病诊断过程

基因诊断包括直接诊断和间接诊断。直接诊断就是用分子生物学技术直接检查致病基因的缺失、插入、重组或是点突变等遗传缺陷，通常使用基因本身或紧邻的DNA序列作为探针，或通过PCR扩增产物，以探查基因有无突变、缺失等异常及其性质。进行直接诊断适用于已知基因异常的疾病，前提是已了解被检基因的正常结构和序列。间接诊断实际上就是通过对受检者及其家系进行连锁分析，以确定被检个体的同源染色体中哪一条与致病基因连锁，从而判断被检个体患病的可能性。紧密连锁的基因或遗传标记通常一起传给子代，考察相邻 DNA 是否传递给了子代，可以间接地判断致病基因是否传递给子代。当致病基因已知但其是否异常尚未知，或致病基因本身尚未知致使突变检测变得非常困难时，基因间接诊断通过分析遗传标记的多态性而实现间接诊断的连锁分析。但间接诊断检测，有时会因基因重组、新突变、家系资料不够完整和所带信息量有限等产生一些实验室因素以外的错误。

各种遗传病的基因异常不同，同一遗传病也可能有不同的基因异常，大体可分为基因缺失和突变两大类型，后者包括单个碱基置换、微小缺失或插入。根据对基因异常类型的了解，可以采用不同的诊断方法（表 6－2）。

表 6－2　遗传病的基因诊断方法

基因异常	方法	探针、引物或限制酶
基因缺失	基因组 DNA 印迹杂交 PCR 扩增	缺失基因的探针引物包括缺失或在缺失部位内
点突变	RFLP 分析 ASO 杂交 PCR 产物的多态性分析 （RFLP、SSCP、DGGE）	突变导致其切点消失的限制酶正常和异常的 ASO 探针引物包括突变部位
基因已知但异常不明	基因内或旁侧序列多态性（RFLP、AMP－FLP，SSCP）连锁分析	基因内或旁侧序列探针或引物
基因未知	与疾病连锁的多态性，如 SSCP、AMP－FLP 连锁分析、RFLP 位点单体型连锁分析	与疾病连锁的多态位点探针或引物

传统的基因诊断主要以基因探针技术为基础，操作繁琐、探针来源困难、所需试剂昂贵并需用同位素以及耗时长等弊端限制了其临床应用。PCR 技术能在短时间内将靶 DNA 扩增百万倍，操作简便、省时，准确性高，既可直接检测突变基因，

也可与其他技术结合诊断分析，准确性几乎达100%，能最大限度地满足临床诊断的需要。1985 年 PCR 技术首次应用于遗传病基因诊断至今，其应用范围已涉及近百种遗传病，具体途径有五个：①基因突变位点的直接检出；②筛查与遗传病有关的点突变；③遗传多态性标记连锁分析间接诊断；④利用 mRNA 逆转录为 cDNA 进行分析；⑤直接分析 cmRNA。

地中海贫血和 DMD/BMD 缺失型疾病为特定基因缺失所导致。其中地中海贫血主要是由 1 ~4 个基因缺失引起。PCR 诊断时只需在 α 基因缺失范围内设计一对引物，然后扩增胎儿的 DNA，如为 Barts 水肿胎，则无扩增产物，电泳后无任何带纹，见此情况医生即会建议进行人工流产。DMD/BMD 是一种 X 连锁隐性遗传的神经肌肉系统受累的致死性遗传病，采用多重 PCR 扩增产物，电泳后若有带纹的缺失，则可做出诊断并对缺失定位。产前诊断时，一般先通过检测家系中有关成员，确定显症者的缺失区，然后有针对性地做 PCR 扩增，以判断胎儿或有关患儿是否也有相同的基因缺失。

镰刀型细胞贫血症为点突变疾病，该病受一对等位基因控制，由一个核苷酸的变化导致血红蛋白的 β 链（β 珠蛋白）的第六个氨基酸 Val 发生突变为 Glu 而引起的。纯合患者（S/S）的红细胞形状像镰刀，血红蛋白的构象也与常人不同，患者严重贫血（突变了的血红蛋白无法携带足够的氧），心脏、肺、脑、关节和其他一些主要内脏器官损坏。若父母都是遗传携带者则孩子有 1/4 的概率会患镰刀型细胞贫血症。目前镰刀型细胞贫血症携带者的检查在美国已经成为一种常规检查。诊断时先用限制酶 MstⅡ切割识别顺序 CCTNAGG，它能切割正常 β 链中 CCTGAGG 序列，但不能切割突变了的 CCTGTGG（A→T），由于突变消除了一个切点，使内切酶长度片段发生了改变，通过电泳就可以区别正常的 βA 和 βS。除 MstⅡ外，限制酶 DdeⅠ（识别序列为 CTNAG）也能够把正常的 βA 基因与镰变了的 βS 基因区别开来（图 6 –16）。

ASO 探针诊断需要合成两种探针：一种与正常 βA 基因序列完全一致，能与之稳定地杂交；另一种与突变基因序列一致，能与 βS 基因稳定杂交，但不能与正常的 βA 基因杂交。可根据杂交结果检出发生突变的 βS 基因。

成年型多囊肾病是一种常染色体显性遗传病，约 1 000 人中有 1 名致病基因

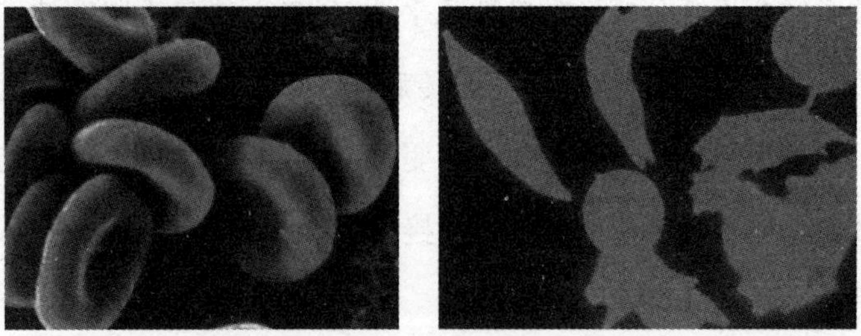

图 6-16　正常红细胞（左）与镰刀型红细胞（右）的形状比较

的携带者，发病率高，起病多在30岁以后，主要为肾和肝中出现多发性囊肿，临床表现为腰疼、蛋白尿、血尿、高血压、肾盂肾炎、肾结石等，最终可导致肾功能衰竭和尿毒症。通过家系分析，已证实APKD的致病基因与α珠蛋白基因3′端附近的一段小卫星DNA序列即3′HVR紧密连锁，而后者在人群中具有高度多态性，可通过RFLP连锁分析进行诊断。

（3）癌症的分子诊断技术

机体生长通过细胞分裂来实现，一个细胞分裂成两个细胞，两个分裂成四个，如此倍增。研究证实，正常细胞的生长由抑癌基因和原癌基因控制，前者抑制细胞生长，后者促进细胞生长，两者协同调控使细胞生长处于平衡状态。如果抑癌基因减弱，或者原癌基因增强，平衡失调，就会发生癌变（图6-17）。了解抑癌基因与原癌基因的调控机制，搞清楚两者表达产物的性质和作用机制，最终阐明肿瘤及其他细胞增生性疾病的发病机制，是肿瘤治疗的前提和基础。

原癌基因包括病毒癌基因和细胞癌基因两种，具有诱导细胞恶性转化的潜力。c-*onc*是存在于正常细胞基因中的癌基因，处于静止或低表达的状态时对细胞无害，且对维持细胞正常功能具有重要作用，但异常表达时其产物可使细胞恶性增生，即形成肿瘤。V-*onc*是病毒基因组中特殊的核苷酸序列，能引起细胞不良转化；正常情况下病毒癌基因也无活性，若受到辐射或化学致癌剂的影响则会全部或部分活化，进而诱导肿瘤发生。病毒癌基因片段的转化试验表明其能使正常细胞向癌细胞转变。细胞癌基因与病毒癌基因核酸序列DNA序列相对应，表达产物也基本相同，具有同源性。

抑癌基因又称抗癌基因，存在于正常细胞内，参与调控细胞分裂和分化，给

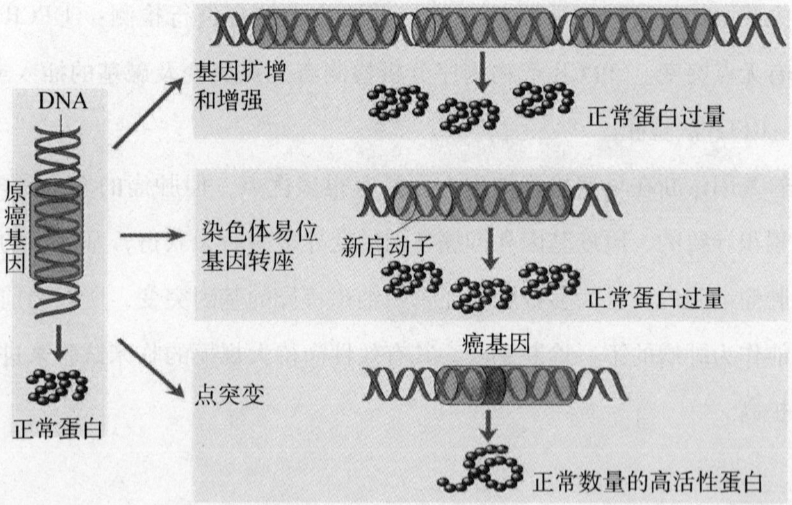

图6－17 原癌基因突变

予细胞的信号与原癌基因相反，可抑制细胞生长，并有潜在抑癌作用。当这类基因发生突变、缺失或失活时，可引起细胞恶性转化而导致肿瘤的发生。

细胞癌基因和抑癌基因均是正常细胞内的正常基因，其表达调控涉及细胞增殖、分裂、分化、死亡等过程，除与肿瘤相关外还与多种疾病相关。当正常细胞受到物理因素（如紫外线、电离辐射等）、化学因素（如黄曲霉毒素等）以及生物因素（DNA 或 RNA 致癌病毒）等致癌因子作用后，在基因水平发生变化，最终形成肿瘤。

肿瘤（癌）细胞与正常细胞在基因表达和调控方面差异很大，对结构和基因表达及调控水平的分析，检测到原癌基因或抑癌基因的缺失或点突变，可作为肿瘤的基因标志，检测方法与遗传疾病基因诊断相同。另外，一些基因表达产物也可作为肿瘤标志物，如甲胎蛋白（AFP）可借以判断肝实质性肿瘤。

ras 癌基因是人类肿瘤中最易被激活的原癌基因，90% 的胰腺癌及 50% 的结直肠癌与其突变有关。PCR/ASO 探针法检测 *ras* 癌基因快速、灵敏度高，但仅限于检出突变探针探测位点的点突变，不能检出探针临近部位的点突变；若采用 PCR－单链构象多态性法，利用扩增的 DNA 片段在非变性凝胶电泳中迁移率不同的特点，可将所有突变的 *ras* 癌基因与相应的正常基因区分开来。

50% 以上的癌症都与抑癌基因 P53 突变有关，基于突变后限制性内切酶切位点的消失或增加的原理，常用 PCR 法与其他技术结合进行检测：①PCR - SSCP 法检测有无点突变。②PCR 产物测序分析检测有无点突变及碱基的插入或缺失。③PCR - RFLP 法检测。

尽管基因诊断在早期检测肿瘤方面具有很多优点，但肿瘤的发病是多基因、多阶段累积导致的，原癌基因和抑癌基因的变异多为后天获得，基因组的改变也局限在肿瘤细胞内，且大多数肿瘤还未归纳出特异的基因突变，所以当前基因诊断尚不能作为肿瘤的第一诊断手段，其有效性尚待大规模的临床试验来进一步的验证和提高。

6.5 基因治疗

6.5.1 基因治疗——人类的新武器

（1）基因治疗的策略

基因治疗首先必须明确治疗目的，根据疾病的不同特点选择不同的方法，有基因置换、基因修正、基因修饰、基因抑制和基因封闭等基本策略。基因置换是将正常的外源基因导入生物体靶细胞内，置换掉致病基因；若能在缺陷基因原位上进行置换，不对基因组的结构和功能造成影响，就可以产生理想的治疗效果。基因修正是在原位修复致病基因，而不一定改变其结构，譬如治疗点突变引起的单基因遗传病，只要将突变的单个碱基予以更正就可以达到治疗目的。基因修饰是将有功能的目的基因导入原发病灶或导入其他的相关细胞，目的基因的表达产物有补偿致病基因的功能，但不改变致病基因本身。基因抑制是导入外源基因以抑制原有的基因，阻断有害基因的表达。基因封闭指通过载体介导性封闭或阻断有害基因的表达从而实现肿瘤治疗的做法。

（2）基因转移的途径和靶组织

基因转移有两类途径，一类是活体基因直接转移，将带有外源性遗传物质的病毒、脂质体或裸露 DNA 直接注射到受试者体内；另一类体外转移，是将受试者的细胞取出，在体外培养并导入重组基因，再将这些遗传修饰的细胞重新输回受试者体内。

肌肉、心肌、血管、肝、脑、皮肤、呼吸道、黏膜、肿瘤等组织均可作为基因治疗的靶组织，最常用的靶组织为骨骼肌组织（图6－18）。

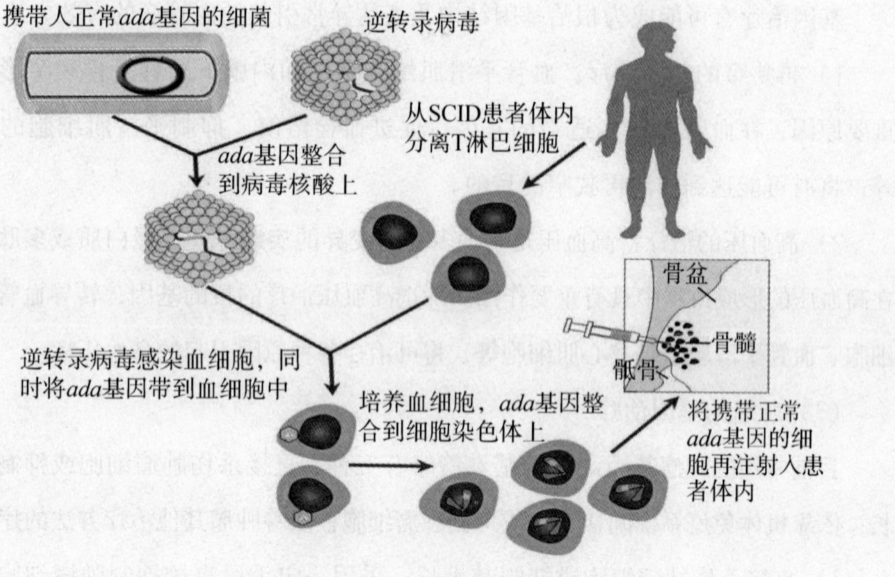

图6－18　基因治疗过程

6.5.2　基因治疗举例

（1）血友病和地中海贫血的基因治疗

1）血友病B基因治疗临床试验研究：复旦大学于1991年对两例血友病B患者进行了世界首次血友病B基因治疗的临床试验，至2000年，经国家药政局批准，已共有四例血友病B患者接受了基因治疗。具体方式是将hFIXcDNA基因转移到血友病B患者自体内成纤维细胞中，挑选得到高表达hFIX的皮肤成纤维细胞克隆，再将细胞与胶原混合，直接注射到患者腹部皮下。患者经治疗后体内hFIX浓度上升，出血症状不同程度地减轻，出血次数较少。虽然治疗效果有限，但已经能够将血友病B患者症状降为轻型了。

2）地中海贫血的基因治疗：地中海贫血是由基因表达（α与β两类珠蛋白）失衡而引起的遗传性溶血性疾病。20世纪80年代中期，Cone等已证明了该病基因治疗的可行性，但仍未能进入临床试验。困难在于珠蛋白基因调控的复杂性，即珠蛋白基因除呈现红系特异性和发育阶段特异性高表达外，还必须保持α

与β珠蛋白基因表达的平衡。

（2）心血管病的基因治疗

基因治疗有可能成为根治基因结构及表达异常引起的血管病的有效方法。

1）再狭窄的基因治疗：血管平滑肌细胞增殖和内膜下迁移是再狭窄形成的重要原因，在血管内导入适当的基因，促进血栓溶解、抑制平滑肌细胞的增殖等，将有可能达到防治再狭窄的目的。

2）高血压的治疗：高血压是一种多基因变异的疾病，一些蛋白质或多肽激素在高血压的形成过程中具有重要作用。筛选高血压治疗的目的基因，转导血管内皮细胞、血管平滑肌细胞及心肌细胞等，将可治疗各种原因引起的高血压症。

（3）肿瘤的基因治疗

目前常用的肿瘤基因治疗的基本策略有三种：直接杀伤肿瘤细胞或抑制其生长；依靠机体免疫系统间接杀伤或抑制肿瘤细胞；改善肿瘤其他治疗方法的疗效。

1）直接杀伤肿瘤细胞或抑制其生长：采用一定手段直接抑制肿瘤细胞的生长是肿瘤治疗最直接的方法。原癌基因的过度表达和抑癌基因的失活是其中最基本的分子机制。通过相应技术封闭癌基因或将抑癌基因转移，都可以起到治疗肿瘤的作用。

2）肿瘤免疫基因治疗：包括两大类，一是体外操作后再进行体内应用；二是直接在体内操作，例如将细胞因子或肿瘤抗原的基因表达载体直接在体内注射，或将 MHC 基因直接注入瘤体等。

3）改善传统化疗疗效：某些肿瘤细胞对化学治疗药物具有一定耐受性是影响化疗疗效的一个关键因素，研究人员设想将能增加化学治疗药敏感性的基因转入肿瘤细胞内，使其对抗肿瘤药物的敏感性增加，增强疗效；另一个设想是利用耐药基因保护肿瘤患者机体正常细胞，以增强正常组织的抗药性，这样就能使用高剂量化疗药物杀伤肿瘤细胞，目前耐药基因 *mdr* 和 Gm－*CSF* 已进入临床试用阶段。

（4）HIV 感染的基因治疗

HIV 感染的基因治疗，是采用一定方法把目的基因导入机体的适当靶细胞，间接或直接抑制 HIV 的复制，或是提高机体的免疫功能。该治疗靶细胞一般为 T 淋巴细胞或其他 CD^{4+} 的细胞，选择性单一。一般采用体外疗法导入目的基因，绝大多数采用病毒感染法。

在 HIV 基因治疗研究领域，细胞内抗体技术的方案也很多，抗体针对的病毒靶蛋白主要有 Tat，Rev 和 gp120。有研究小组使用反义核酸技术对 HIV 感染进行基因治疗，还有利用 HIV 突变的编码蛋白、细胞内趋化因子、清除 HIV－1 感染的细胞等策略进行基因治疗的方案。

6.5.3 基因治疗前景

当前，作为分子生物学在医学领域的重要应用，基因治疗多处于设想或试验阶段，要实际用于临床治疗，还有待各种技术的发展。我们相信，随着分子生物学以及临床医学的发展这种治疗方法最终将会走向成熟，有希望在临床上得到广泛的应用。

增强免疫效果、简化接种程序、提高预防接种效益是疫苗的发展趋势；安全性、有效性和实用性是疫苗的基本要求。

近年来，生物技术正逐渐成为科技革命的主体和代表。随着生命科学和生物技术的不断发展，基因组学、蛋白质组学、生物芯片、生物信息等重大技术相继出现，这大大地扩展了生物技术的涵盖范围。其应用范围也将随着时代的发展遍及世界的各个领域，从而成为解决人类社会各种问题的最有潜力的技术手段。但是，在生物技术带动生物经济发展的过程当中不可忽视其带来的一些负面的影响。因此，在我们享受生物技术给我们带来益处的同时，我们也应该清醒地认识到它的负面影响。生物技术所带的隐藏危害正随着人类的滥用在逐渐凸显，这不得不令我们深思，慎重地考虑该如何把握好这把双刃剑，一旦我们没把握好这把剑，反过来受伤的将会是我们自己。虽然通向成功的路是曲折的，但是方向已经很明确，让我们拭目以待，等待更多的研究成果诞生并最终应用于人类健康领域。相信那个时候，人类的生活会更加美好！

7 现代生物技术与农业生产

“民以食为天”。广义农业包括种植业、林业、畜牧业、渔业、副业五种产业形式；狭义农业是指种植业，包括粮食作物、经济作物、饲料作物和绿肥等农作物的生产活动。农业与人类生活息息相关。近三十几年中，生物技术迅猛发展，渗透到农业的各个领域，促进了农业的发展，影响着人类经济社会的发展进程。现代生物技术的成果越来越广泛地应用于农、林、牧、渔等诸多农业领域，越来越多地造福于人类。人们可以通过现代生物技术手段进行动、植物新品种的培育，可以通过现代生物技术方法生产生物农药和微生物肥料，使农作物和家畜家禽变得更加高产优质，而且还没有农药和化学肥料的污染，可以更好地维护人类的健康和环境的优美。生物技术是21世纪高新技术的核心内容，具有巨大的经济效益和潜在的生产力。

7.1 动、植物生产

7.1.1 植物组织培养

众所周知，高等植物生长一般是从种子开始，在一定温度、湿度和氧气存在的条件下，种子萌发长出幼苗，然后继续长大形成植株，经过开花、结果最后又形成种子，完成植物生长的周期。但是，某些植物的种子难以萌发，限制了植物的大规模培养。怎么解决这个问题呢？现代生物技术的发展为这个难题的解决找到了新的途径，那就是利用细胞工程的方法。所谓植物细胞工程，是指以植物细胞为基本单位进行培养、增殖或按照人们的意愿改造细胞的某些生物学特性，从而创造新的生物和物种，以获得具有经济价值的生物新产品。植物细胞工程又称为植物组织培养、植物克隆，最早产生于20世纪50年代。

植物细胞工程的理论依据是细胞的全能性，也就是说，任何一个具有细胞核的细胞都具有发育成一株完整植株的能力。植物细胞工程不仅解决了大规模工厂化培养植株的问题，而且能够对某些感染病毒的植物进行脱毒。时至今日，世界各国在无性系繁殖、植物育种、植株脱病毒、种质保存及植物转基因等方面，广泛应用组织培养技术。该技术已成为植物生物技术中最基本的技术之一，成为很多技术的基础环节。

植物细胞工程目前已程序化，主要具有如下几个关键步骤：

1）材料的选用。在组织培养中，最常用的材料是茎尖。

2）材料的消毒。目前，常用的消毒剂有次氯酸钙、氯化汞、次氯酸钠、双氧水、70%酒精等。

3）组织培养的条件。室温一般应控制在23～26℃，每天12～16小时光照。

4）外植体的增殖。接种后的外植体要分化出丛状芽、愈伤组织或胚状体，必须对培养基及激素的种类和浓度进行严格的设计和筛选。

5）诱导生根。将增殖过程中形成的无根芽转移到生根培养基上诱导生根。生根培养基一般采用无机盐浓度低一些的培养基，有利于根的分化。同时还需要添加一些激素以促进生根。

6）组培苗的移栽。生根后的试管苗从无菌及温、光、湿度相对稳定的环境中移植到自然环境中，必须经过一个炼苗过程。将幼苗移栽到特别配制的培养土中，在自然状态下开始正常生长。

7.1.2 转基因植物

小麦是一种主要的粮食作物，一般都是每年种植一次，收获一次，来年接着种。小麦能否像韭菜一样种植一次，可以多年收获呢？答案是肯定的。甚至可以推测，不久的将来，会出现像树木一样的小麦，这绝非天方夜谭，现代生物技术中的植物基因工程即转基因技术可以突破传统植物生长的极限，制造出新型的植物。

什么是转基因技术呢？所谓转基因，就是从供体生物中分离目的基因，经

DNA 重组与遗传转化或直接运载进入受体生物，经过筛选获得稳定表达的遗传工程体。植物细胞具有全能性，如果能够将外源基因整合到植物细胞的基因组中，再通过细胞和组织培养，就能获得再生的转基因植株。

植物基因工程的主要研究内容大致包括以下几个方面：目的基因的分离与改造、载体的构建及其与目的基因的连接等 DNA 重组技术，这是基因工程的上游技术。通过农杆菌介导、基因枪轰击等方法使重组体进入受体细胞或组织以及转化体的筛选、鉴定等遗传转化技术和相配套的组织培养技术，获得携带目的基因的转基因植株，遗传工程体在有控条件下的安全性评价以及大田育种研究直至育成品种，这是基因工程的下游技术。

自 1983 年第一例转基因植物问世以来，随着生物技术和有关基础理论的发展，转基因植物在农业生产上的应用和开发取得了一系列突破性成就。转基因在农作物上的应用主要有如下几方面：

(1) 抗病虫草害转基因作物

植物病害和虫害往往使农业生产蒙受严重损失。农作物产量损失的 1/3 可归因于病害，而植物虫害也使全世界每年损失数千亿美元。人类往往通过使用化学农药来对付植物的各种病害和虫害，但由于化学农药可造成环境的污染、危害人类健康、造成生态失衡以及抗药性等问题。而通过常规的育种手段又存在育种周期较长和基因资源来源有限等因素，所以仍然无法战胜病虫害。用基因工程手段来增强植物对各种病虫害的抗性在世界上受到重视，成为植物基因工程研究和应用的热点，也是目前植物基因工程应用最为成功的领域（图 7 -1）。

(2) 抗除草剂转基因作物

杂草造成的直接经济损失达农作物总产值的 10% ~20%。用除草剂控制杂草的同时也会对绿色植物产生杀伤力。培育抗除草剂的作物是解决此问题的最主要的途径。农作物抗除草剂基因工程是生物技术在农业领域的主要应用之一，取得了很大的成功，大豆、玉米、棉花、水稻、油菜、马铃薯等几十种重要农作物的抗除草剂转基因产品已经在市场上流通多年，取得了巨大的经济效益。

(3) 高品质转基因作物

为了延长果实的保鲜期和货架期，人们通过基因工程手段，破坏掉果实中的

图 7-1　转基因抗虫棉

乙烯合成酶基因，使果实不能合成乙烯，从而延长果实的储藏期，形成耐储藏的转基因果实。应用这一策略最成功的是耐储藏的转基因番茄，目前已大面积商品化生产，我国被批准进行商品化生产的第一例植物就是耐储藏番茄。目前这一技术已开始应用于香蕉、苹果、葡萄、桃子等多种果树，具有广阔的应用前景。

（4）生产药物的转基因植物

利用转基因植物作为生物反应器来生产药用蛋白是植物基因工程技术中出现的一个新的领域。目前主要研究有三方面，即转基因植物生产疫苗的研究、转基因植物生产抗体和在植物中表达蛋白质药物。

7.1.3　基因工程作物及其产品的潜在风险

基因工程作物及其产品在以下几个方面可能存在潜在风险：

（1）基因转移问题

通过传粉植物可将基因转移给同一物种的其他植物，也可能转移给环境中的野生亲缘种。植物间通过传粉而转移基因可能由许多偶然性的特殊事件而决定。这些特殊事件包括：受体植物同转基因植物具有性的亲和性，并生长在风媒和虫媒传播的距离范围内；受体植物须在转基因植物花粉期内形成可受粉的花；受体植物可育，并且能产生有生活力的种子，且种子能存活、萌发和生长；由该杂种种子产生的植物及其后代都可通过自花或异花授粉产生种子或能营养生存。

（2）杂草化问题

植物通过传粉进行基因转移，可能将一些抗虫、抗病、抗除草剂或对环境胁迫具有耐性的基因转移给野生亲缘种或杂草。在自然环境中，如果野生亲缘种获得了这些抗逆基因，其表达的性状将对该野生植物种群及其与病、虫体天然种群间的互相作用产生一定影响。杂草具有种子多、传播力强、适应性强等特点，杂草一旦获得转基因植物体的抗逆性状，将在农业生态系统中比其他作物具有更强的竞争能力，由此影响其他作物的生长和生存。

（3）新性状对目标和非目标生物的影响问题

转基因植物的抗虫、抗病和抗除草剂等新性状不仅对目标生物的种群大小和进化速度产生直接的影响，而且也对非目标生物，特别是有益生物和濒危物种产生直接或间接的影响。由于杂草、昆虫和微生物都趋于使其种群及其个体的相关性状向最适应的生存环境方向演化，因此转基因植物的广泛使用将可能有利于选择在抗性上更强的害虫和致病体的遗传种群。

（4）毒性和过敏性问题

大多数作物转基因活生物体可作为人类食物和动物饲料，如果转入的外源基因增加了受体植物的毒性，则会对人类或其他动物健康造成威胁。此外，自然界有许多物质是人类的过敏原，如果外源基因转入受体作物后，其产物是人类的过敏原，那么将增加受体作物的过敏原性。

（5）对遗传多样性的潜在威胁和物种多样性的潜在威胁

如杂交作物并大规模释放，则近缘劣势显现，多样性和遗传性会降低。例如在推广杂交水稻的同时，地方水稻品种很大程度被取代，一些地方品种的基因流失掉了，由于地方品种的一再缩小，它们近亲繁殖，遗传漂移，基因随机固定和丧失，从而使基因多样性枯竭。由于转基因作物的经济效益高，随着这些作物的推广，原有的品种会逐渐消失，最终将可能出现人工物种取代天然物种的现象。自然界的多样性将会受到严重破坏，由此可能会改变自然界的营养循环，同时也就改变了自然界的生物链。

大规模应用转基因生物已有十几年历史，迄今尚未出现因转基因生物引起的危害事件。2000年7月11日，中国科学院和英国皇家学会、美国科学院、巴西科学院、印度科学院、墨西哥科学院以及第三世界科学院就“转基因植物和世界农业”发表联合声明，指出转基因技术在消除第三世界的饥饿和贫穷方面具有不可替代的作用。同时认为应加强转基因生物的安全性研究，以保证转基因生物研究与应用的健康发展以及环境和食用的安全性。

7.1.4 转基因动物

动物克隆是产生动物无性系的过程。目前生产哺乳动物克隆的方法主要有胚胎分割和细胞核移植两种。1942年，Nicholas证明2细胞兔胚的单卵裂球有发育为胚胎的能力。1970年，Mullen等将2细胞胚分割，并对分割的卵裂球进行体外培养和移植，首次获得小鼠同卵双生后代。1974年Trounson等成功地获得分割胚胎同卵双生绵羊。此后，胚胎分割技术进入了快速发展阶段，目前已通过胚胎分割获得了小鼠、绵羊、牛、山羊、马和猪等动物从2细胞到扩张孵化胚各发育阶段的同卵双生后代，并获得了同卵三生和同卵四生后代。

克隆羊“多莉”与胚胎分割不同，采用的是细胞核移植技术。所谓细胞核移植，是指将不同发育时期的胚胎或成体动物的细胞核，经显微手术和细胞融合方法移植到去核卵母细胞中，重新组成胚胎并使之发育成熟的过程。细胞核移植技术，特别是细胞核连续移植技术可以产生无限个遗传相同的个体。

由于细胞核移植是产生克隆动物的有效方法，故人们往往把它称为动物克隆技术。

在1997年2月英国罗斯林研究所维尔穆特博士科研组公布体细胞克隆羊“多莉”培育成功（图7-2），这是人类首次运用体细胞细胞核移植技术而得到的克隆动物，证明了动物细胞同样具有全能性，证实了利用体细胞进行动物克隆在技术上是可行的。

克隆技术已展示出广阔的应用前景，概括起来大致有以下几个方面：

1）培育转基因动物可用于医用器官移植的供体或作为生物反应器，以及用于家畜遗传改良、创建疾病实验模型等。转基因动物乳腺生物反应器生产药物蛋白的研究时间较长，已进行了10多年，目前在全世界范围内有2例药品进入三

图 7－2　克隆绵羊“多莉”

期临床试验，5～6 个药品进入二期临床试验。

2）加速动物育种进程。利用优良动物品种的体细胞作核供体克隆动物，可以避免自然条件下选种所受到的动物生育周期和生育效率的限制，从而大大缩短育种年限，提高育种效率。目前动物克隆技术主要用于家畜、家禽和鱼类优良品种的选育和品质改良。

3）拯救濒危动物。我国于 1999 年启动了用动物克隆技术拯救大熊猫的计划，目前已获得了重大进展。

目前动物克隆技术的研究已深入到细胞水平和分子水平，使人们得以更系统更完整地认识生物分子的作用，转基因动物在畜牧业和医学生物制药等领域的广阔应用前景，使该技术必将在未来的研究中受到各国的重视，并将在生产中产生巨大的经济效益和社会效益。特别是该技术与动物克隆技术的结合，更是未来研究的主要方向，并具有无法估量的价值，是生物技术领域最具活力也最引人注目的部分之一，转基因畜产品和兽用药物将会更快发展起来。但我们必须认识到在前进的道路上还有很多具体的问题需要去解决，主要问题有两方面：第一是技术问题，虽然鱼、牛、绵羊、猪和兔等动物的基因移植相继完成，但这一技术还存在着许多问题，如外源基因整合效率低，成本高，外源基因的表达不理想，转基因给动物造成插入缺失和功能紊乱，转基因动物成活率低等问题，尚有待继续研究；第二，产品安全性问题，对动物转基因食品的安全性，还需要人们去深入研究和接受，在病毒等致病基因的转基因研究中，不可避免地会产生一些有害的转基因动物，还需要制定一些防范措施，防止向社会扩散。这些都是我们应该明了的。

7.2 生物农药

7.2.1 生物农药概述

农业生产，作物容易受到害虫、病菌和杂草等有害生物的为害。为了控制有害生物，提高作物产量和改善农产品品质，人们发现和发明了一些对有害生物有杀灭或者抑制作用的物质，这些物质就是农药。在公元前 2 500 年之前，人类就开始使用农药来预防农作物的损害，最早的农药应用是大约 4 500 年前在美索不达米亚苏美尔喷洒的元素硫。古希腊诗人荷马曾提出用燃烧的硫黄作为熏蒸剂。古罗马的老普林尼曾提到用砷作为杀虫剂；公元 79 年，维苏威火山爆发，老普林尼死于带有燃烧硫黄气味的火山烟雾，从而真正说明了硫黄烟雾的非选择性毒杀作用。在 15 世纪，诸如砷、汞、铅等的有毒化学物质就被用在农作物上以杀死害虫。在 17 世纪，尼古丁和硫酸盐从烟草中提炼出来作为杀虫剂使用。19 世纪我国发现了两种更天然的农药，除虫菊和鱼藤酮。除虫菊化合物是从菊属植物提炼出来的，而鱼藤酮是从热带植物（主要仍然是鱼藤）的根部提炼出来的。上述发现在一定范围内对于农业生产具有促进作用。但是也存在作用范围窄，防治效果不稳定的不足。

现代化学合成农药应用起始于 1939 年，保罗·米勒发现 DDT（滴滴涕）是非常有效的杀虫剂，之后又大规模使用“六六六”农药，这使它很快地成为世界上使用最广的农药。然而，在 20 世纪 60 年代，人们发现 DDT 妨碍了许多鱼类、鸟类的生殖能力，因此对于生物多样性有重大威胁。蕾切尔·卡逊和她的畅销书《寂静的春天》（图 7－3），详细地说明化学农药及杀虫剂的使用对食物链和生态环境所带来的重大影响。DDT 目前被超过 86 个以上的国家禁用，但是在部分发展中国家仍然用来消灭蚊子和其他作为传染病媒介的昆虫，以预防疟疾和一些热带性疾病。随后，合成并大量应用有机磷农药，虽然减少了在生物体内的积累，但是它毒性太强，导致农产品农药残留问题严重，威胁到人类健康。因此，开发高效、低毒的生物农药，就成为各国科学家努力的目标。

图7-3　寂静的春天

生物农药便应运而生。生物农药是指应用生物体及其代产物制成的用于防治为害农作物及农林产品的害虫、螨类、病菌、杂草等有害生物的制剂；它还包括保护生物活体的保护剂以及提高这些制剂效力的辅助剂、增效剂。随着科学的发展，模拟某些杀虫毒素和抗生素的人工合成的制剂，也都属于生物农药的范畴。

7.2.2　生物农药的种类

根据生物农药有效成分的来源可将生物农药分为四类。

（1）微生物活体农药

本类农药有效成分是昆虫病原微生物如细菌、真菌、病毒等微生物活体，它是生物农药中发展较快而广泛应用的生物制剂。通过在自然界中筛选分离出对靶标有效的微生物活体菌，进行液体或固体发酵制备而成。

1）微生物杀虫剂：包括细菌性杀虫剂，如苏云金杆菌、青虫菌、杀螟杆菌、松毛虫杆菌等是国内生产和应用的主要杀虫剂类型。几个苏云金杆菌的变种，通过产出一种对害虫有毒性，但是对人和其他哺乳动物安全的蛋白来对多种鳞翅目害虫发挥毒杀作用，为广谱的杀虫细菌（图7-4）。真菌杀虫剂，据报道能使昆虫致病的霉菌有530多种，我国对蚜霉、蝗虫霉的研究已取得较大进展，在温暖多雨的季节，霉菌的杀虫效果很高。白僵菌是实际生产中应用最多的真菌杀虫剂，用来防治松毛虫及钻蛀性农业害虫。病毒杀虫剂的有效成分是能使昆虫染病的病原病毒，它比细菌的杀虫选择作用更强。昆虫病毒能在感染的昆虫间相互传播，而造成昆虫病毒病流行。

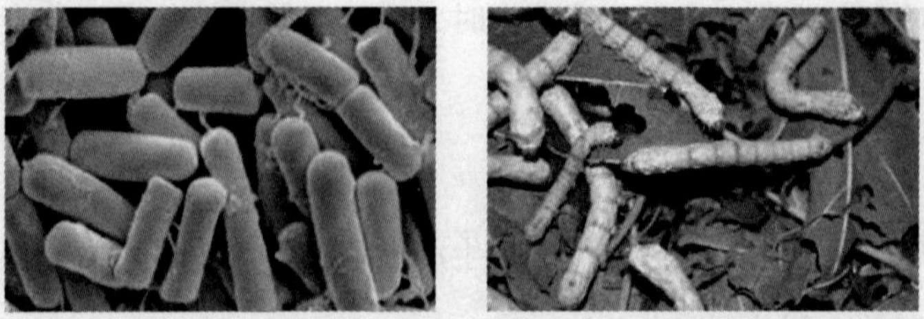

图7－4　苏云金杆菌（左）及其对棉铃虫的毒杀作用（右）

2）微生物杀菌剂：利用微生物活体抑制植物病原菌，通过它们对植物病原菌拮抗作用制成活体抗生菌制剂，进行拌种或土壤处理达到防治病害的目的。

3）微生物除草剂：有的霉菌可用来作为除草剂防治作物的草害。如“鲁保一号”就是利用无毛炭疽霉菌防治花生、大豆田中的菟丝子为害。

（2）微生物代谢产物农药

农用抗生素是目前防治植物病害中应用较多的生物制剂，品种也较多。例如，防治稻瘟病的春雷霉素、庆丰霉素，防治水稻纹枯病和小麦纹枯病的井冈霉素，防治果树、蔬菜病害的灰黄霉素及防治小麦锈病的放线菌酮等，在农作物病害的防治中都起了很大作用（图7－5）。

（3）植物源生物农药

某些植物体中含有杀菌物质如大蒜素、黄连素，可利用研制开发植物性生物杀菌剂；有的植物体中含有杀虫物质如苦皮素、烟碱等，可以直接提取或人工合成为植物杀虫剂。

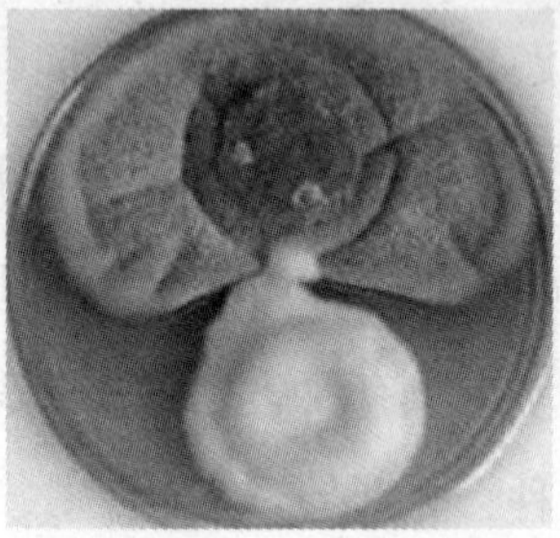

图7－5　农用抗生素产生菌对病原真菌的拮抗作用

（4）动物源农药

1）昆虫激素：昆虫激素是调节昆虫变态和生理活性的内分泌物质。这些物质提取或人工合成后用于幼虫，可导致昆虫畸形或死亡。利用这些物质干扰昆虫交配或诱杀，如性诱剂、氟幼灵、灭幼脲都是昆虫激素农药。

2）油乳剂：油乳剂是由动物油如鱼油、鲸油加工而成，对害虫有致死作用。致死的原因主要是由于其物理作用。如油剂封闭害虫气门，侵蚀介壳虫体的蜡质层等。一般根据不同油类的性质加入适当的乳化剂配成一定浓度的水包油乳剂。油乳剂虽然对人畜无毒，但当浓度不当时，油剂容易对植物产生药害。

7.2.3 生物农药的制备

可进行开发的生物农药种类很多，生产和使用方法也有很大差异。

（1）细菌杀虫剂的开发与生产

目前筛选得到的杀虫细菌有100多种，被开发成产品投入实际应用的主要有日本金龟子芽孢杆菌、缓死芽孢杆菌、球形芽孢杆菌和苏云金杆菌（简称Bt）等几种。

生物农药产品中开发最早、成效最大的品种是苏云金杆菌。它的市场份额占微生物杀虫剂的90%～95%，占生物农药的80%左右。苏云金杆菌是一种卓有成效的生物杀虫剂，作为低毒农药，是目前微生物杀虫剂中产量最多，应用面积最大的一种，具有较大的开发利用潜力。

苏云金杆菌是一种能产生伴孢晶体，能寄生于昆虫体并引起虫体发病的芽孢杆菌。它最早于1901年在家蚕的染病幼虫体内首次分离得到。1957年开始上市销售，从1981年起作为农药在日本登记。由于复杂的原因，包括它对家蚕的影响问题，经过很长一段时间，它的使用才得到批准。1993年，苏云金杆菌的扩大使用登记被批准。苏云金杆菌广泛应用于防治农林害虫、仓库储藏害虫和卫生害虫。目前，国内外正致力于广谱、高效的Bt制剂的开发。苏云金杆菌能产生多种对昆虫有致病力或者毒杀作用的毒素，主要有四种，分别是α－外毒素、β－外毒素、γ－外毒素和δ－内毒素。

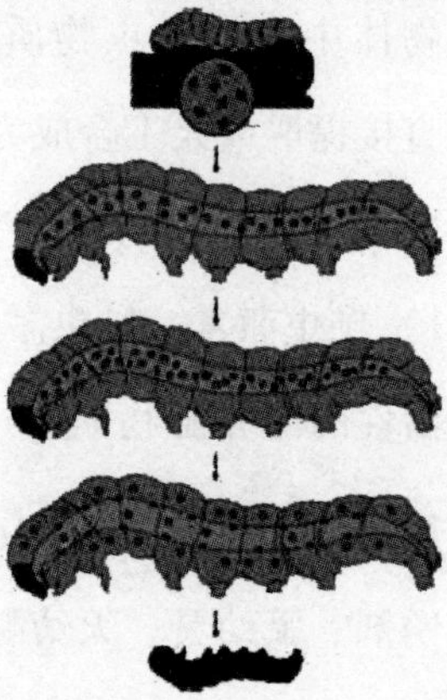

图7－6　苏云金杆菌的杀虫过程

δ－内毒素在苏云金杆菌对昆虫的致病和毒杀作用中起着重要的作用。其经敏感宿主昆虫肠道蛋白酶降解后激活（在虫体外则可在碱性条件下由酶消化），直接作用于昆虫细胞（图7－6）。通常一个伴孢晶体中含有一种或者多种的δ－内毒素。伴孢晶体的形状有菱形、方形、圆形、椭圆形、三角形、镶嵌形、不规则形等，常见为菱形。伴孢晶体的形态结构与其对昆虫的毒力存在一定的关系。在实际应用中，可以把伴孢晶体的大小和形态结构作为筛选对某一类昆虫的高毒力菌株的依据。

苏云金杆菌制剂的早期生产是简易生产（主要有固体浅盘培养和液体浅层培养）。苏云金杆菌制剂的工业化生产采用液体深层发酵工艺，产品为低品质的粉剂。20 世纪 80 年代中期以来，液体剂型开始流行；到 20 世纪 90 年代，高品质的新一代粉剂和原粉也相继投产。苏云金杆菌制剂的基本工艺流程包括菌种制备、发酵、后处理（浓缩、干燥）、产品质量检测和安全检测等五道工序。

苏云金杆菌生长以 28 ~32 ℃较为适宜，要求中性或偏碱性条件。苏云金杆菌发酵培养基可选择各种农副产品为主要原料，以合适的配比组成，常用的是黄豆饼、花生饼、棉籽饼以及玉米浆等。通过采用适合于不同生产菌株的相应培养基配方，提高物料浓度和发酵溶氧水平，从而使发酵单位含菌数达到（7 ~8）$\times 10^9$ 孢子/毫升，后处理工艺采用离心富集，或者刮板浓缩、薄膜浓缩。苏云金杆菌作为一种微生物杀虫剂，与化学农药相比，其突出优点之一就是对人畜无害，不污染环境。防治费用和传统化学农药大致相同，主要缺陷是杀虫谱窄、持效期短等，严重影响了 Bt 制剂的应用。

（2）真菌杀虫剂的开发与生产

真菌杀虫剂是仅次于细菌杀虫剂的另一类生物杀虫剂。全世界已知的虫生真菌达 800 种以上，可以开发成为微生物杀虫剂的有多种，像白僵菌可以寄生 700 多种害虫，绿僵菌寄主昆虫已超过 200 种（图 7 –7）。

真菌与细菌、病毒不同，主要是孢子接触虫体，由孢子发芽，入侵并寄生虫体，这种入侵方式对环境要求比后两类更严格。就真菌本身来说，其感染发生与孢子数量、寄主的生理状态以及非生物条件有着密切的关系。环境条件，特别是湿度是主要因素，所以虫生真菌的利用前景取决于特殊的生态条件。

一般来说，虫生真菌的生长最适温度在 24 ~28℃。菌丝体的最适宜发育温度因真菌种类而有差别。研究表明，温度低于最佳温度可降低真菌的寄生率，但是并不影响虫体疾病的发生。同时储藏期的温度、湿度对孢子活力的影响也是十分重要的。而湿度对真菌孢子萌发和害虫发生流行病是非常重要的，因为大多数真菌孢子常常在90%以上相对湿度才可萌发。这种条件只有在极高湿度的地方或雨天才能达到。在非洲利用绿僵菌防治沙漠蝗获得成功，方法是将绿僵菌孢子混合在一种植物油中制成油乳剂进行喷雾。这项工作使得受湿度条件限制的传统观念有了新突破，为真菌的应用开辟了广阔的前景。

图7－7 白僵病（上）与绿僵病（下）

1835年，美国首先发现白僵菌能引起家蚕僵病。加拿大1937年利用该菌进行大面积防治玉米螟。20世纪50年代初我国开始利用白僵菌防治农林害虫，这是我国应用真菌防治害虫的开端。白僵菌可用于防治松毛虫、大豆食心虫、玉米螟、水稻叶蝉、稻飞虱、茶树害虫、苹果食心虫、菜粉蝶、甜菜甲虫、蛀干害虫和地下害虫等，同时其安全性已经通过确认。目前防治的害虫种类和面积均居世界首位，并广泛应用于农林害虫及果树、茶叶和蔬菜等经济作物。目前白僵菌已经成为我国防治松毛虫、玉米螟的常规微生物杀虫剂，其研究应用处于国际领先水平。除普遍应用球孢白僵菌外，我国对布氏白僵菌也进行了研究和应用。白僵菌对营养条件的要求不严格，在多种培养基上均可生长，常用的培养料有米糠、麦麸、谷壳、豆饼粉等。白僵菌在中性或微酸性环境下生长良好，pH值8.0以上不生长，一般控制培养基的pH值6~7。

白僵菌现已有多种剂型，有油剂、乳剂、颗粒胶囊制剂、粉剂和可湿粉、黏胶剂等。使用时必须注意：①选择活性高的菌株进行生产，制剂的含孢量大、活孢率高，防治效果才好；②选择适宜的环境用药，特别是创造高湿的小气候条件，最好选择阴天、小雨或雨后，晴天应选清晨或傍晚湿度较大时用药；③注意施用方法，一般喷雾比喷粉效果好，采用沟施或施后2天喷水，也能提高防治效果。另外，要注意和养蚕区保持距离，以免白僵菌对家蚕造成危害。

(3) 病毒杀虫剂的开发与生产

昆虫中存在着多种病原病毒，是昆虫致病和死亡的重要病原体。据有关文献报道，全世界已经从 1 100 多种昆虫中发现了 1 600 多种昆虫病毒，其中 60% 是杆状病毒。

病毒杀虫剂具有许多优点：①对寄主昆虫有高度的毒性和致病性，害虫极少或不产生抗性；②能形成保护性的包涵体，对环境因子稳定，不易失活；③寄主范围仅限于无脊椎动物，不至于破坏生态平衡，有利于环境保护，对人畜和植物无毒，无药害；④在自然条件下容易引起害虫群体病毒病流行。

作为病毒杀虫剂，研究和应用最广泛的是核多角体病毒（NPV）。病毒感染昆虫幼虫后，初期外部症状不明显，后期行动迟缓，食欲减少，体色变化，4 天后开始死亡，5 ~ 7 天为死亡高峰。幼虫死后，组织液化，表皮轻触即破，流出脓状体液，无臭味（图 7 - 8）。

图 7 - 8　被核多角体病毒感染死亡的害虫

核多角体病毒杀虫剂的生产方法主要有两种。一种是利用人工半合成饲料或天然饲料大量饲养昆虫增殖病毒，经加工制成杀虫剂。这种生产方法的影响因素为：寄主昆虫群体的差异、有关寄主和环境的多种因子以及病毒品系的差异等。二是利用组织培养昆虫细胞增殖病毒。目前，已有将昆虫细胞用于工程病毒表达医用蛋白和工程病毒杀虫剂的研究。其优点在于：可大量生产、容易实现过程自动控制、充分利用了细胞培养技术以及可以严格监测和控制营养及环境条件的变化。在将离体生产病毒的方法放大的时候，需要重视细胞多次培养以后病毒致病能力减弱的现象。NPV 主要用于防治棉铃虫、油桐尺蠖、杨尺蠖等。1993 年国内登记的第一个病毒杀虫剂产品——棉铃虫 NPV，在虫害发生季节，施药 2 ~ 3 次，在盛卵期或幼虫初孵期用药，每次用可湿粉 50 克/公顷或乳悬剂 30 毫升，可使棉铃虫减退 82% ~ 94%。用斜纹夜蛾 NPV 的虫尸悬浮液来防治斜纹夜蛾等，效果可达 80% 以上。

核多角体病毒作为杀虫剂都有一个共同的特点，就是杀害虫时间较长（一般需要6天以上)、杀虫谱较窄(一般每种病毒只对一种昆虫有效),因此,其商品生产和推广应用受到很大限制。在分子生物学研究的基础上,利用现代生物技术,通过病毒基因组的突变或在基因组中导入可干扰昆虫代谢和加速死亡的激素、酶、苏云金杆菌杀虫晶体蛋白以及对昆虫专性的麻痹神经毒素编码基因,均有可能改良核多角体病毒的杀虫效果。

由于生产昆虫病毒需要投入大量人工饲养寄主,如何解决机械化生产问题,降低生产成本、在实际应用中实现高效率的生产是今后扩大昆虫病毒商品化生产规模的重要课题。目前的研究重点在于构建工程病毒杀虫剂,探索利用无血清培养基发酵生产昆虫杆状病毒的新技术途径,并已经取得了很多成果。如利用基因工程技术通过异源杆状病毒之间的基因重组已经得到了重组病毒,这种重组病毒具有更广泛的寄主谱。修饰病毒本身基因以提高杆状病毒感染能力方面的研究也有了很大进展。在杆状病毒基因组中插入外源昆虫特异性激素、酶或者毒素基因以增强病毒毒力研究,目前已经有利尿激素、保幼激素酯酶和蜕皮激素等被重组到杆状病毒基因组中并得到表达。在对病毒增强因子的研究表明,几种病毒DNA编码的蛋白对NPV有增强感染的作用,在病毒杀虫剂中加入适宜的增强因子可降低生产成本,增加杀虫效率。

(4)微生物除草剂的开发与生产

微生物除草剂是利用微生物或其代谢产物防除杂草的制剂。虽然,近年来对真菌除草剂的研究和开发比较活跃,但是,到目前为止,已成功生产和大量应用的还仅限于我国的“鲁保一号”、美国的“Devine”和“Collego”等少数几种。

“鲁保一号”是一种真菌除草剂,其菌种属于半知菌亚门黑盘孢目毛盘孢菌属炭疽菌,能使菟丝子感染炭疽病死亡。其生长适宜温度为25~28℃。菌种孢子附着于菟丝子藤上,当气温适宜,空气潮湿或有露水时,孢子萌发出芽管,侵入菟丝子体内使其发生炭疽病。菌种人工培养后,有退化现象,表现为分生孢子不整齐,致病力降低等。但菌种可通过接种菟丝子进行复壮,再进行分离纯化。

7.2.4 生物农药的发展瓶颈

由于生物农药的技术特征和发展方向与人类未来生产生活方式、食品安全、营养健康、生态平衡、生物多样性保护都具有良好的相融性，加上以现代发酵工程为基础的工业化生产技术体系日趋完善，生物农药的研究开发逐渐引起了国内外的广泛关注。以美国为例，为了积极鼓励支持生物农药的开发和商品化生产，美国国家环境保护局（EPA）采取和调整了相应的管理策略，给生物农药的注册简化手续，大开绿灯，在商品登记时间、费用方面仅为化学农药品种的1/3和1/30。

我国生物农药产业化研究开发的热点主要集中在苏云金杆菌杀虫剂、农用抗生素、昆虫病原真菌制剂、昆虫杆状病毒杀虫剂、拮抗细菌生防制剂及植物源农药方面。一批新菌种、新工艺、新技术成果从实验室进入企业，许多生物农药产品逐步实现了工业化生产，走向国内外市场。但是，生物农药与化学农药相比，还存在着一些固有的缺点：①产品的有效活性成分一般比较复杂，质量不易控制和检测；②使用效果容易受到环境因素（温度、湿度、光照、降雨等）的影响；③适宜应用的范围相对有限（杀虫谱、杀菌谱窄、对高龄害虫的效果差）；④防效比较缓慢，不易被农民接受；⑤产品的稳定性较低，货架期较短；⑥制造费用高，工业化难度大。生物农药目前虽然只占整个农药市场的很小部分，但它在生物防治中起到了重要的作用。利用生物农药或者综合利用生物和化学农药，可以充分发挥生物农药对环境友好的特点，减少化学农药对环境造成的伤害。因此，安全、有效地控制农作物病虫害永远是种植业生产发展需要解决的问题，而生物农药的发展，则对未来农业的可持续发展和农副产品的安全提供了可靠的保障。

7.3 微生物肥料

7.3.1 农作物的“粮食”

我们每个人都离不开粮食、蔬菜和水果。在粮食、蔬菜和水果的生产过程中，除了需要水分、空气和一定的温度之外，各种有机质和矿物元素如氮、磷、钾等也是作物正常生长不可缺少的因素。中国是一个农业大国，农业是国民经济的基础，发展农业不仅仅对我国的经济发展，而且对于社会稳定和国家安全具有重要意义。

千百年来，世界各国人民在种植作物的过程中，都把粪肥当作主要肥料，在实践中发明了很多堆肥和沤粪的方法，粪肥的广泛应用促进了粮食生产。进入18世纪以后，世界人口迅速增长，同时在欧洲爆发的工业革命，使大量人口涌入城市，加剧了粮食供应紧张，并成为社会动荡的一个起因。化学家们从18世纪中叶开始对作物的营养学进行科学研究。19世纪初流行的两大植物营养学说是“腐殖质”学说和“生活力”学说。前者认为植物所需的碳元素不是来自空气中的二氧化碳，而是来自腐殖质；后者认为植物可借自身特有的生活力制造植物灰分的成分。1840年，德国著名化学家李比希出版了《化学在农业及生理学上的应用》一书，创立了植物矿物质营养学说和归还学说，认为只有矿物质才是绿色植物唯一的养料，有机质只有当其分解释放出矿物质时才对植物有营养作用。李比希还指出，作物从土壤中吸走的矿物质养分必须以肥料形式如数归还土壤，否则土壤将日益贫瘠。从而否定了“腐殖质”学说和“生活力”学说，引起了农业理论的一场革命，为化学肥料的诞生提供了理论基础。1828年，德国化学家维勒在世界上首次用人工方法合成了尿素。但当时人们尚未认识到尿素的肥料用途。直到50多年后，合成尿素才作为化学肥料投放市场。1838年，英国人劳斯用硫酸处理磷矿石制成磷肥，成为世界上第一种化学肥料。李比希1850年发明了钾肥。从此以后，化学肥料广泛应用于农业生产中，大大提高了作物的产量（图7-9）。

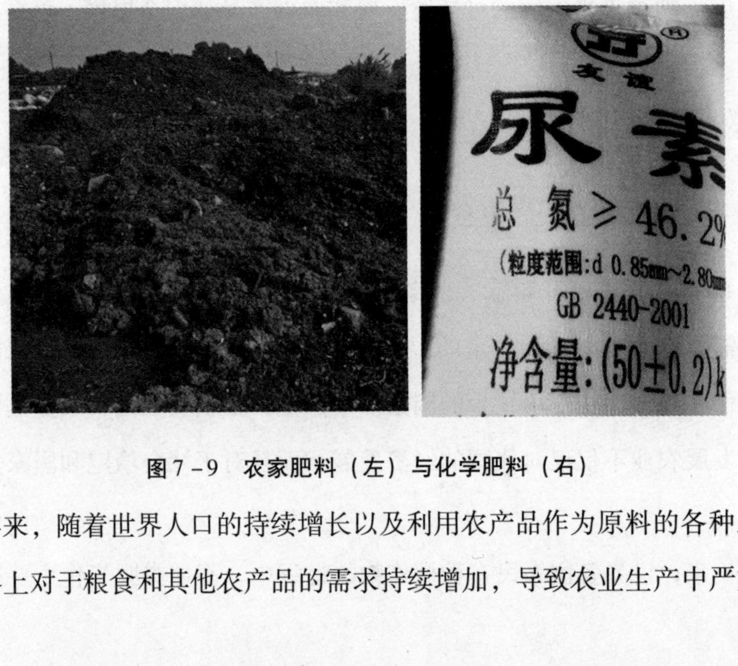

图7-9　农家肥料（左）与化学肥料（右）

近年来，随着世界人口的持续增长以及利用农产品作为原料的各种工业的发展，世界上对于粮食和其他农产品的需求持续增加，导致农业生产中严重依赖各种化学肥料。后果是产生土壤中有机质不足，养分比例失调，土地板结，土壤质量下降，河流和地下水污染等一系列问题。要避免重蹈发达国家“先污染、破坏，后治理”的覆辙，发展持续性农业，就要减少化学肥料的使用量，寻找有效的替代品。微生物肥料具有肥效高、本身无毒、不污染环境且成本低、节约能源等特点，是化学肥料最有效的替代品。合理开发和利用微生物肥料，是我国农业持续发展的重要途径。

7.3.2　微生物肥料的含义

微生物肥料又称生物肥料，是以活微生物的生命活动导致作物得到特定肥料效应的一种制品，是农业生产中使用肥料的一种。有些人把少量使用的、仅有微生物和载体组成的制品称为接种剂，此类制品用于拌种，而将微生物和有机物或者无机物混合制品加工成特定固体剂型，用于基肥和追肥的称为微生物肥料。可以看出，尽管名称不同，但是此类制品中都含有一定数量的微生物，正是通过微生物活动发挥作用（图7－10）。

图7－10　微生物肥料

已故中国科学院院士、中国土壤微生物学的奠基人之一的陈华癸先生在论述微生物肥料的含义时指出，所谓微生物肥料，是指“一类含有活微生物的特定制品，应用于农业生产中，能够获得特定的肥料效应，在这种效应的产生中，制品中活微生物起关键的作用，符合上述定义的制品均应归入微生物肥料”。目前，已经有大量的菌剂被不同的国家注册应用，尽管应用效果不同，但由于理论上微生物肥料可能提供作物营养、产生诸如激素等刺激作物生长、控制或抑制作物病虫草害、改善土壤结构、降解有机污染物等方面具有调节土壤内部的功能，因而对其研究和生产应用不断深入。

微生物肥料的核心是微生物，因此具有微生物的特性。微生物资源丰富，种类和功能繁多，可以开发成不同功能、不同用途的肥料。同时，微生物菌株可以经过人工选育、不断纯化、复壮以提高其活力，特别是随着现代生物技术的不断发展，利用以DNA重组技术为核心的基因工程方法获得所需的菌株成为可能。微生物肥料中含有的微生物通过本身的代谢活动可以产生一些次生代谢产物，这些物质可以作为作物的生长刺激物质，分别在幼苗期刺激作物生长发育，在作物成熟期提高作物的品质；此外，微生物产生的代谢物质如抗生素、病原物细胞壁降解酶等还具有防治病虫害的作用。从环境资源角度来看，微生物肥料具有资源再利用，无毒、无害、无污染、成本低的特点。

7.3.3 植物生长过程中的营养物质

我们每天需要摄取蛋白质、脂肪、糖类、维生素、矿物质和水等多种营养物质满足人体的需要。具体地说，就是需要碳源、氮源、无机盐、生长因子和水这五大类营养物质。植物与人类类似，也需要这五类营养物质。不同的是，植物可以通过光合作用自身合成有机物，满足其生长需要。因此，对于植物而言，矿质元素和水在其生长发育中的作用尤其重要。

（1）植物体内含有的矿质元素

我们将生长的植物材料取下，称重，然后在105 ℃烘干，再称重，两者重量的差别就是植物组织的含水量。经过计算，水分占植物组织的80% ~95%，剩余的干物质占5% ~20%。干物质包括有机物和无机物，而有机物又占干物质的90%左右，其余为无机物。如果我们将干物质充分燃烧，有机物中的碳就会变成CO_2，氢变为水蒸气，一部分氮变为N_2、NH_3或者氮的氧化物，少部分的硫变为H_2S和SO_2，这些物质都具有挥发能力，燃烧时都散失到空气中。剩下的残留物称为灰分。

灰分中的物质为各种矿质的氧化物，如硫酸盐、磷酸盐、硅酸盐等，它们直接或者间接来自土壤矿质，故称为矿质元素。又因为它们一般是以简单的无机盐形式存在，又称为无机盐。氮在燃烧过程中散失到空气中，故氮不是矿质元素。但是氮和其他矿质元素一样，都是植物从土壤中吸收的，所以常将氮归于矿质元素。

植物的矿质含量不是恒定不变的，它受植物种类、不同器官、不同年龄和不同环境等多种因素的影响。一般水生植物的矿质含量只有干重的1%左右，中生植物占干重的5%～10%，盐生植物最高，有时达45%以上。不同器官的灰质含量差异也很大，一般木质部约占1%，种子约占3%，草本植物的茎和根为4%～5%，叶为10%～15%。以年龄来说，年龄愈大，灰质含量愈高。

植物体内的矿质元素的种类很多，据分析，地壳中存在的元素几乎都可以在不同的植物中找到。已经发现60种以上的元素存在于不同的植物中，其中最普遍的有10多种。

（2）植物必需的矿质元素

植物体内的矿质元素种类虽然很多，但不是每种元素都是植物的必需的。现在人们已经确定的植物必需矿质元素有13种，它们是氮、磷、钾、钙、镁、硫、铁、铜、硼、锌、锰、钼、氯，加上从空气和水中得到的碳、氢、氧，构成植物体的化学元素共16种。在这些元素中，根据需要量的多少，把它们分为两大类：第一类为大量元素，此类元素必须供给相当多的分量时，植物才能正常生活。有N、P、K、Ca、Mg、S等。第二类为微量元素，有Fe、Cu、B、Zn、Mn、Mo等。植物对这类元素的需要量很少，故称为微量元素，缺乏时，植物不能正常生长，若稍有过量，反而对植物有害，甚至引起植物死亡。

7.3.4 微生物肥料的种类

微生物可以为植物提供养分，微生物肥料的种类较多，依据不同的标准有不同的划分方法。如根据微生物肥料制品中微生物的种类可以分为细菌肥料、放线菌肥料、真菌肥料等；根据制品中含有成分的复杂程度，分为单一的微生物肥料和复合微生物肥料等。目前国内外市场上出现的品种根据提供营养元素种类和作用原理的不同，分为根瘤菌肥料、固氮菌肥料、解磷菌类肥料、解钾菌类肥料

（硅酸盐菌类肥料）等。

（1）固氮菌类肥料

1）生物固氮：氮是植物生长的重要营养元素。空气中的氮气（N_2）含量约占78%，是自然界生物体氮源的主要来源。但是空气中的氮不能直接被植物所利用。生物中只有固氮微生物具有将氮气转化成氨的能力。生物固氮是地球上最大规模的天然氮肥工厂。但是，迄今为止所发现的绝大多数固氮微生物均不能在粮食作物水稻、小麦、玉米以及多种果树、蔬菜上固氮，即使少数可以的话，其固氮量也很少，所以这些植物的高产不得不依赖化学氮肥。生物固氮是生命科学中的重大基础研究课题之一，它在生产实际中发挥着重要作用：为植物特别是粮食作物提供氮素、提高作物产量、降低化肥用量和生产成本、减少水土污染和疾病、防治土地荒漠化、建立生态平衡和促进农业可持续发展等。具体地讲，生物固氮是一些原核微生物通过固氮酶的催化作用将大气中的分子态氮还原成氨的过程。

根据不同固氮微生物的特性及同其他生物的关系，一般将生物固氮分为三种类型，即自生固氮、共生固氮和联合固氮。有些固氮微生物在土壤或者培养基中生活时可以固定分子态的氮，对其他生物没有依附关系，称为自生固氮作用。还有一些微生物和其他生物相互依存，彼此不能分开，也就是形成共生结构，通过共生进行固氮作用，称为共生固氮作用。联合固氮作用是上述二者之间的中间类型，有些固氮微生物能够生活在玉米、水稻、甘蔗等植物根系内，它们与植物的关系比较松散，不形成特殊结构，而且都能够自生固氮。在生物固氮过程中，N_2被还原成铵，而铵可以转变为有机形式。N_2的还原过程是由固氮酶催化完成的。目前，固氮酶已从多种固氮生物分离和纯化，包括从严格厌氧的固氮微生物到能放氧的固氮蓝藻，以及从共生到自生。虽然来源不同，但固氮酶的性质都非常类似，固氮酶两组分蛋白都对氧极敏感，并随纯度的提高而更加敏感。

根瘤菌和豆科植物之间相互作用产生的共生固氮在整个自然界生物固氮中具有重要的作用（图7－11、图7－12）。豆科植物是一个包括许多重要经济植物如大豆、三叶草、苜蓿、田菁、菜豆、豌豆等在内的一大类群。根瘤菌属或者慢生根瘤菌属的某些种感染豆科植物的根可以导致根瘤的产生，并将氮气转变为氨；固氮根瘤菌属菌和豆科植物互作形成。豆科植物与根瘤菌共生固氮作用在农业上具有相当大的作用。它可以导致土壤中化合态氨的大量增加，促进植物的生长。

图 7-11　豆科植物与根瘤菌作用形成的根瘤

图 7-12　植物田菁上形成的茎瘤

在正常情况下，豆科植物和根瘤菌都不能单独固氮。在纯培养条件下，根瘤菌生长在微氧条件下时可以单独固氮。豆科植物中大约有 90% 的种类具有形成根瘤的能力，在不同种类的豆科植物和根瘤菌菌株之间存在明显的特异性，一种根瘤菌株一般只能感染豆科植物的某一个种，而不能感染其他种。一组根瘤菌菌株能够感染一组相关豆科植物，称为交叉接种组。尽管某一根瘤菌株能够感染某一豆科植物，但是并不是总能够形成高效的根瘤。如果菌株无效，形成的根瘤很小，呈现淡绿色，不能有效地固氮。相反，如果菌株的效率很高，形成的根瘤就大，呈现红色。

有趣的是，固氮并不仅仅局限于豆科植物和根瘤菌互作体系中，在一些非豆科植物中也时有发生。在此过程中，参与固氮的微生物不是根瘤菌，而是其他种类的细菌。例如，固氮蓝细菌可以同多种植物形成共生，水生蕨类植物满江红叶子的小孔含有具有异形胞可以固氮的鲢鱼腥蓝细菌（图 7-13）。几个世纪以前，人们就有意识地利用满江红固氮。具体方法是，在种植水稻之前，农民们在水稻田表面撒盖上满江红，使满江红大量生长，等水稻生长后，由于水稻的竞争作用，导致满江红——鲢鱼腥蓝细菌混合体死亡并释放出固定的氮，氮可以为水稻所同化，通过这种作用，农民在不施用氮肥的情况下也可以获得高产的水稻。

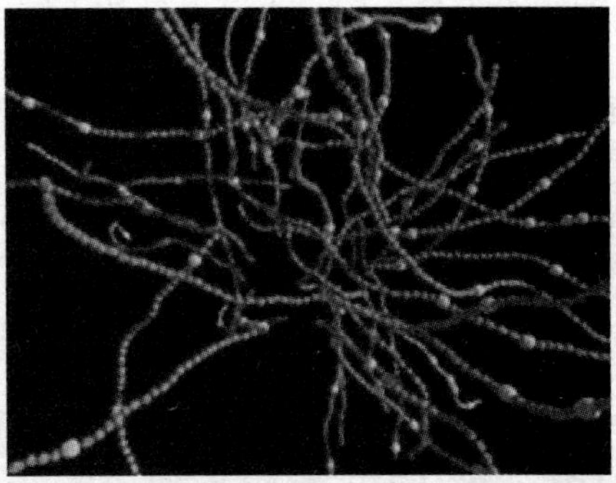

图 7-13　蓝细菌及其形成的异形胞

2）固氮菌类肥料的开发：无论是自生固氮还是联合固氮的微生物都可以自身完成固氮过程，具有使用范围广泛的特点。目前市场上的这类微生物肥料的固氮能力较低，不能满足生产的需要，因此，开发出具有较高固氮能力的固氮菌类微生物肥料已经成为当务之急。这类微生物肥料的研发应该包括如下几个方面：

菌种的选育：优良菌种的获得是微生物肥料生产的前提，目前所有的菌种基本上都是从自然界中筛选后直接利用的，由于缺乏有效的泌氨能力和对 O_2 的抵抗能力，导致其固氮作用较差。根据这种情况，固氮菌类肥料菌种的选育基本上可以通过两个途径：第一，是在现有固氮微生物菌种的基础上进行改造，可以利用一些育种手段如诱变、原生质体融合以及分子育种等方法获得高泌氨能力或者对体内氨的积累反应不明显的菌株，从而达到提高固氮作用的效果。第二，加强菌株筛选，自然界中存在大量的可以固氮的微生物，它们可能具有不同的代谢类型，因此要分别设置不同的条件（好氧和厌氧，光能和化能，自养和异养）大范围地筛选固氮微生物。

活体测定对植物的作用：纯培养条件下微生物的固氮能力并不能代表其能真正促进植物生长，因此，实验室获得的纯培养物还需要直接作用于植物，只有真正在植物生长过程中固氮能力增加且能为植物利用的菌种才能开发成微生物肥料。事实上，有一些微生物离体条件下具有固氮作用，但是当其作用于植物后却对植物的生长具有抑制作用，对于这一类固氮菌应该剔除。另外，不同的固氮微生物可能对不同的植物（作物）作用不同，应该分别测试该微生物在不同植物上的作用效果。

菌体发酵条件的优化：微生物肥料作用的发挥是以活体微生物的存在为前提的，不同的微生物对发酵条件的要求不同，因此应该根据微生物的特点，探索出最适合的发酵条件（包括温度、pH 值、溶氧、时间等），以获得发酵产物中单位体积具有最大的微生物数量。

采用合适的剂型：对不同的固氮微生物应该筛选出最佳的剂型，确保微生物在特定剂型中存活一定的时间。目前，固氮微生物肥料的剂型一般有两种：其一是液体剂型，即将发酵好的菌液装入小瓶，每瓶剂量一般为 100 毫升，每毫升菌液中含有（0.5～1.0）$\times 10^9$ 活菌菌体。其二是固体菌剂，采用灭菌的吸附剂作为载体吸附菌液后装入塑料袋内。不同的微生物对逆境的抵抗能力不同，因此应该根据不同微生物的特点选用适合的剂型。例如芽孢杆菌适合固体菌剂，而固氮菌属的一些种类则更适合液体剂型。

质量检测：主要有有效活菌量和杂菌检测、含水量检测、成品无害化指标检测、pH 值检测等方面（图 7－14～图 7－16），保证微生物肥料的有效性。

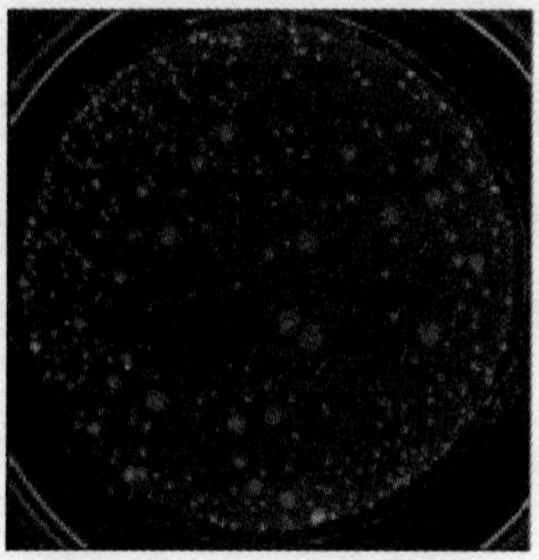

图 7－14　菌落计数

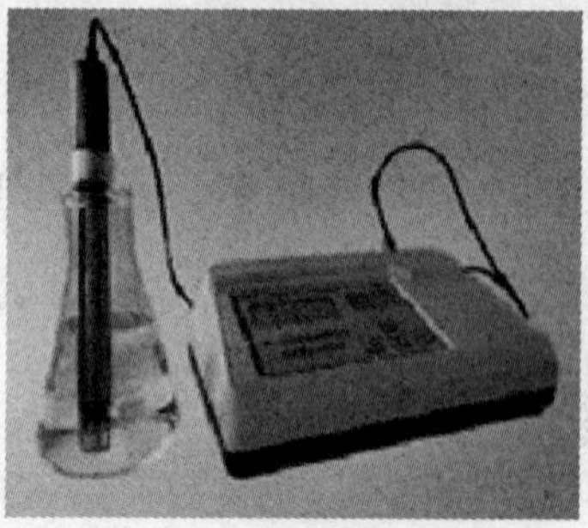

图 7－15　酸碱度测定

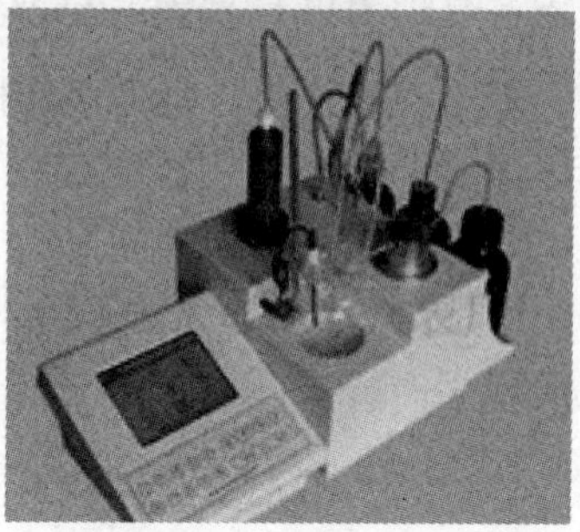

图 7－16　含水量测定

有效期：不同剂型的微生物肥料其有效期不同，一般固体剂型的有效期比液体剂型的有效期长。我国目前生产条件下，固体剂型在 20℃、通风、干燥条件下的有效期一般为 6～8 个月，液体剂型不超过 1 个月，超过有效期，单位重量中的根瘤菌活菌数减少，活力降低，不可使用。

3）固氮菌类肥料的使用：目前市场上的固氮类微生物肥料种类繁多，使用范围也有一定的差别，因此要根据不同种类不同剂型的微生物肥料进行科学的使用。

固氮微生物肥料的固氮能力有限，其作用的发挥往往是多种因素综合作用的结果，因此，不能认为固氮微生物肥料能够完全代替化学氮肥。

注意使用范围，注意作物专用肥料与广谱肥料的差别，有些专门的微生物肥料只能在特定作物中使用，例如小麦专用的微生物肥料不能用于水稻，否则除了效果不明显之外还可能导致相反的结果。

根据不同的剂型正确使用微生物肥料。一般来说，目前液体剂型的肥料主要用于拌种，而固体剂型的肥料一般用于施基肥，当然也可用于拌种。

注意微生物肥料的特点。不同的微生物肥料对土壤肥力、酸碱度等有不同的要求，因此在选用微生物肥料时，一定要根据当地土壤的特点有针对性地选用。

采用正确施用方法。拌种时勿置于直射阳光下，当天拌种，当天施用。不能与杀细菌药剂（如抗生素等）、草木灰、速效氮肥以及稀土微肥混用。

（2）解磷微生物肥料

众所周知，磷为作物生长发育必需的三大元素之一。土壤中磷的含量比较丰富，但是能为植物直接吸收的磷即土壤有效磷相对不足，因此现代农业一般通过施用磷肥的方式供给作物。现有的研究资料表明，磷肥的利用率只有20%～30%，磷肥中大部分磷被土壤固定。利用一些微生物的作用分解土壤固定的磷，对于农业的持续发展具有重要意义。

1）解磷微生物的种类：自然环境中能够转化土壤无效磷为有效磷的微生物很多，有细菌也有真菌，目前研究比较多的主要有如下一些类群：巨大芽孢杆菌、短小芽孢杆菌、坚强芽孢杆菌、恶臭假单胞菌、铜绿假单胞菌、硫氧化硫杆菌、硫黄色节杆菌、黑曲霉等（图7－17）。

2）解磷微生物的作用机制：尽管不同的解磷微生物的解磷机制不同，但是总的说来，解磷微生物可以溶解土壤中难溶性磷酸盐，提高磷的有效性。目前，多数学者认为磷细菌肥料的解磷机制主要包括如下几个方面：

产生各类有机酸（如乳酸、柠檬酸、草酸、甲酸等）和无机酸（如硝酸、亚硝酸、硫酸、碳酸等），降低环境中pH值，使难溶性磷酸盐降解为有效磷；或认为有机酸可螯合闭蓄态Fe、P、Al、Ca，使之释放有机磷。

产生胞外磷酸酶，催化磷酸酯或磷酸酐等有机磷水解为有效磷。磷酸酶是诱

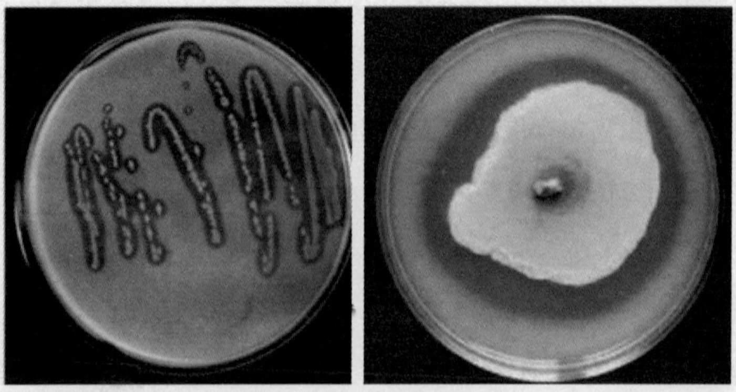

图7-17 解磷微生物在无机磷平板上水解形成透明圈（左，细菌；右，真菌）

导物，微生物和植物根对磷酸酶的分泌与正磷酸盐的缺乏程度是正相关的，缺磷时，其活性成倍增长。过去的研究还认为芽孢杆菌可产生植酸酶水解植素，荧光假单胞菌和解磷巨大芽孢杆菌产生的多酚氧化酶可分解腐殖酸。

扩大吸收面积，VA 菌根真菌肥料重要的促生机制之一就是其与土壤的磷素营养供应密切相关：一方面通过根外菌丝延伸可达几厘米，甚至十多厘米以增加吸收范围；另一方面提高其磷酸酶活性，同时还产生草酸盐、柠檬酸盐结合 Fe、Al，使固定态磷酸盐释放有效磷。同时还发现复合螯合剂存在时，对于磷的吸收会增加很多。

（3）硅酸盐细菌肥料

我国钾矿资源贫乏而钾肥需求量大，土壤颗粒组成中，60% 为含钾硅酸盐矿物，自然风化极其缓慢。土壤中的矿物钾（占土壤全钾量的 90% ~98%）不能直接为作物利用，而我国南方各省土壤普遍缺钾。目前，钾肥主要依赖进口来满足农业生产需要。在化学钾肥供不应求的情况下，开辟新的效果好、成本低又不污染环境的微生物肥料，挖掘土壤中的钾素资源，具有重要的科学和实际意义。硅酸盐细菌是一类能够分解硅酸盐类矿物并释放可溶性钾到土壤溶液中为植物所利用的微生物，有时又称为钾细菌。生产硅酸盐细菌肥料的菌株有多个，其中胶质芽孢杆菌最为常见。另外，环状芽孢杆菌、凝结芽孢杆菌、球形芽孢杆菌也比较常见。近年来发现的邻单胞菌属的一种细菌不仅具有解钾的作用，而且可以解磷和固氮，有望成为新型的微生物肥料菌株。硅酸盐细菌肥料在我国已经有 20

多年的应用历史，在多种作物和多个地区都获得了较好的效果，但是稳定性不够，究其原因，可能是生产过程的问题，也可能是应用环节的问题。因此，应该优化生产工艺，产出稳定合格的产品，同时在使用过程中应该根据不同地方土壤的特点，优化使用方法。

现代生物技术的研究成果已经在农业领域产生了较好的实践效益，人们可以通过现代生物技术手段进行动植物新品种的培育和生物农药及微生物肥料的生产。

利用植物细胞工程的方法，不经历种子的萌发、生长过程就可以培育优良的植物品种，还能进行植物的大规模培养。利用植物细胞工程技术还可以培育高产、优质、抗病虫害、抗干旱、抗低温的农作物新品种和类似于孪生兄弟一样的动物新品种。

生物体或其代谢产物可以制成用于防治农作物害虫、螨类、病原菌及杂草等的生物农药。根据生物农药中有效成分来源的不同，可以将其分为不同的类型。

肥料是农作物生长的粮食。微生物在农作物根际周围的生命活动可以为农作物的生长提供必需的肥料成分。植物在生长过程中需要的营养物质种类繁多，但是最重要的是水、碳、氢、氧及 13 种矿质元素，任何一种矿质元素的缺少都会引起相应的植物生理病害。

8 现代生物技术与食品

近几个世纪以来，食品的发展，包括原料和成品，都与生物技术的发展紧密相连。它包括了传统的生物技术，加工如面包、奶酪、啤酒、葡萄酒、酱油、米酒、发酵乳制品等传统食品，也包括了如基因工程、细胞工程、蛋白质工程、酶工程、发酵工程等现代生物技术，以改善人类健康和营养，促进经济发展和环境改善（如食品资源的改造、食品加工技术的提高、食品品质的改良、农产品质量和产量的提高、食品分析与检测水平的提高、污水处理等）。

8.1 舌尖上的生物技术

8.1.1 蛋白质类食品

（1）单细胞蛋白质（SCP）

目前，世界上面临的主要问题之一是人口爆炸，特别在发展中国家尤为突出。现在全世界人口数已达59亿，并以每年9.4×10^7的数目增加，若不加以控制，到2050年将突破100亿。传统农业将不能提供足够的食物来满足人类的需求，尤其是蛋白质短缺。因此，人们在不懈地寻求蛋白质资源，推广新兴农业，培育高蛋白谷物，大豆、花生等高蛋白作物正被大量种植；另外，利用微生物作为蛋白质生产工厂已获得成功。这就是所谓的单细胞蛋白（SCP），它主要是指酵母、细菌、真菌等微生物蛋白质资源（图8-1）。目前，人们已公认SCP是最具应用前景的蛋白质新资源之一，对于解决世界蛋白质资源的不足问题将会发挥重要作用。

微生物比任何动物都能更有效地合成蛋白质。把250千克的牛与250克的微生物进行比较，牛每天能产生200克的蛋白质，而在同样时间，在理想的生长条件下，微生物理论上能合成25吨的蛋白质。用微生物来生产SCP有以下优点：

1）在最佳条件下，微生物能以惊人的速率生长，一些微生物的生产量每隔0.5~1小时便增加一倍。

2）微生物比植物和动物更容易进行遗传操作；它们更宜于大规模筛选高生长率的个体，更容易实施转基因技术。

3）微生物有相当高的蛋白质含量，蛋白质的营养价值高。

4）微生物能在相对小的连续发酵反应器中大量培养，占地小，不依赖气候。

5）微生物的培养基来源很广泛，低廉，特别是利用废料，如有些能利用植物纤维素作原料。

图8-1 单细胞蛋白

SCP可补充人和动物的蛋白质需求。在人的饮食中，SCP可作为食品添加剂，以改善食物风味，并可代替动物蛋白；在动物饲养上，SCP因其富含蛋白质，风味温和、容易存储等特点，可代替传统的蛋白质添加剂，如鱼粉、豆粉等，特别在水产养殖业，如养虾、养鱼等方面，SCP已被广泛应用。

SCP作为食品首先对人体必须无毒副作用，这是安全性；其次，它的气味、口味和颜色等，还必须为食用者所喜欢，即具可接受性。SCP的安全性和作为食品的可接受性标准有以下几个方面：

菌种被公认为不产毒素，是安全的，如啤酒酵母等。

培养基内不含毒性成分，如一些多环芳香族致癌化合物。

气味、口味或颜色好。

菌种核酸含量不能过高（过高对人体有害）。

基因工程菌的培养和处理还应严格遵守政府的有关法规。

要人们把 SCP 接受为食物，仅关注其安全性和营养价值是不够的，人们往往对来自微生物的产品有抵触心理。这里有微妙的心理、社会和宗教的影响，不同的文化存在许多特异的饮食习惯和禁忌。更现实的考虑是暂不把 SCP 直接供给人们食用，而是先用来饲养家畜、禽及鱼类等。

(2) 氨基酸生产

氨基酸主要用于食品、饲料的营养强化和调味，如谷氨酸单钠盐（味精）是家家必备的鲜味剂，甲硫氨酸和赖氨酸是重要的饲料添加剂等（图 8－2）。

图 8－2　商品氨基酸

除甘氨酸和蛋氨酸由化学合成外，氨基酸主要通过发酵法生产，其次是酶转化法。氨基酸发酵所用的菌种主要是谷氨酸棒杆菌和黄短杆菌或类似菌株。日本味之素公司已利用细胞融合和基因工程技术，使原始菌株的产量提高几倍甚至几十倍。在工艺方面，国外已采用固定化细胞或固定化酶技术来生产氨基酸。例如，将含高活性天冬氨酸酶的大肠杆菌细胞固定到生物反应器中，能将延胡索酸转变成天冬氨酸，浓度达 237 克/升，回收率为 100%。

我国的氨基酸生产已有一定的基础，但在产酸率和回收率等生产技术指标方面与国外还存在明显的差距。

谷氨酸（钠）是世界上生产量最大的商品氨基酸。发酵法生产味精时，国内一般以淀粉水解糖为碳源，以液氨或尿素为氮源，采用生物素亚适量（菌种为生物素缺陷型）流加糖发酵工艺，使谷氨酸产生菌的细胞膜透性及代谢调节异常化，发酵积累谷氨酸，再经冷冻、等电点或等电点－离子交换工艺提取粗谷氨酸，最后经中和、除铁、脱色、浓缩、结晶、离心、干燥、过筛、包装等精制工序制成味精。整个生产过程由制糖、种子扩培、无菌空气制备、发酵、提取及精制等工段组成。

谷氨酸菌一般不能直接利用淀粉或糊精，而只能以葡萄糖或糖蜜等作为碳源。其中葡萄糖是由淀粉或淀粉质原料（如大米、玉米、薯类等）水解而成的，故称为水解糖。制取水解糖的方法依原料性质不同，可采用酸法、双酶法或酸酶结合法。近年来随着酶制剂工业的发展，国内都力争采用酶法，大大提高了出糖率和水解糖的质量。在我国，随着20世纪90年代初国产耐高温α-淀粉酶、高转化率糖化酶及低压喷射液化器的开发成功，国内不少味精厂都已实现了耐高温α-淀粉酶二段喷射液化的双酶法制糖新技术。这种新技术的应用，显著提高了味精厂制糖与味精生产的技术水平、经济效益。

在谷氨酸的发酵过程中，还需流加氮源和控制pH值，必须根据不同发酵阶段的pH值变化控制尿素的流加量。只有不断补充NH_4^+和控制合适的pH值条件，才能获得谷氨酸高产。

从谷氨酸发酵液中提取谷氨酸，国内多使用等电点-离子交换法。本法的原理是利用氨基酸在等电点pH值时溶解度最小的性质。为了进一步回收等电母液中的谷氨酸，此法一般需与离子交换法配合使用。

由谷氨酸制成谷氨酸钠（味精）称为精制。粗谷氨酸溶于适量水中，用活性炭脱色，然后加Na_2CO_3于60℃中和到pH值6.6~6.9，使之形成谷氨酸单钠，即可获得味精粗制品。再经进一步精制，包括Na_2S除铁、活性炭脱色、浓缩、结晶、干燥等，获得味精成品。

尽管谷氨酸发酵技术已达到相当完善的程度，但仍然有许多方面值得深入研究，目前谷氨酸发酵研究的新进展有：

1）继续选育各种生化突变型菌株以提高经济效益，如抗药性突变株、药物敏感突变株、各种酶活力变化突变株以及其他具有生化特征的突变株等。

2）将DNA重组、原生质体融合以及固定化细胞技术应用于谷氨酸的研究。

3）改进发酵工艺，如开拓原料种类、流加碳源等。

L-赖氨酸被称为第一限制性必需氨基酸，主要用于食品、饲料和医药工业，在平衡氨基酸组成方面起着十分重要的作用。1993 年全世界 L－赖氨酸年产量已超过 2×10^5 吨，约 95% 是用直接发酵法生产的。

发酵原料通常是以各种淀粉水解糖或甘蔗糖蜜为碳源，氨（水）或尿素为氮源。由于 L－赖氨酸生产菌株都是经过多次诱变筛选得到的，既是营养缺陷型，又是具有结构类似物抗性的组合型变异株，所以培养基中必须提供相应的生长因子，而且这些生长因子的浓度通常是生长所需的亚适量。发酵过程中培养基 pH 值需维持中性，一般通过流加氨（水）或尿素来控制。

赖氨酸的提取一般采用离子交换树脂吸附法。根据氨基酸是两性电解质这一特性，以及目的氨基酸与杂质氨基酸 pK、pI 值的差异，通过调节氨基酸发酵液的 pH 值，使不同氨基酸的带电性质及解离状态不同，再通过选择合适的离子交换树脂就能分离、提取各种氨基酸。

8.1.2 生物技术与酿造类食品

酿造类食品主要包括酒精饮料（白酒、啤酒、黄酒等）和调味品（酱油、醋、味精等）两大类，其生产技术属于传统的微生物发酵范畴。近年来，各种现代生物技术成果已经源源不断地渗入这些传统酿造食品的生产过程，诸如酶制剂和活性干酵母的应用、固定化酶（细胞）以及生物反应器的应用、基因工程技术的应用等。

（1）生物技术在酒精饮料生产中的应用

在全世界范围内，酒精饮料是当前商业中经济效益最稳定的行业。提高转化率或产量以获得高额利润是发展和改进技术的动力。

酒精饮料的原材料主要包括两种：糖类物质（水果汁、树汁、蜂蜜等）和淀粉类物质（谷类或根类等），后者需要在发酵前水解成单糖。当这些底物与适当的微生物一起酝酿，提供发酵条件，最终会得到一种液体，它含有很多成分，酒精含量从百分之几到 20% 或更高。由于酸性 pH 值可抑制微生物的生长，使得产品更加稳定与安全，这类酒可直接饮用，但人们更习惯将它们存放一定时间，使得它们的口感更好。进一步蒸馏可提高酒精浓度，得到各种类型的酒如白酒、威士忌、白兰地、伏特加、松子酒、朗姆酒，它们的乙醇含量高达 40% ~70%。

最常用的发酵微生物是酵母菌或它的相关品系，这种微生物可以吸收并利用单糖，如葡萄糖和果糖，将它们代谢成乙醇，可以使乙醇达到高浓度（图8－3）。

图8－3 传统白酒的生产

传统遗传学以及现代的原生质体融合和重组 DNA 技术一直被用来改进这些发酵中所用的酵母菌品系，特别是酵母菌的遗传工程有了极大进步。目前已将枯草杆菌淀粉水解酶的基因克隆到酒精酵母中，使原来只能依赖其他微生物水解淀粉而获取碳源的酵母，变成能同时分解淀粉进行酒精发酵。

在这里简单介绍生物技术在酒精、啤酒、白酒等生产中的应用，它们是世界范围生物技术酿酒工业的主要代表。

1）酒精。酒精是重要的食用、医用和化工原料，可通过发酵法或化学合成法生产，但是在食品工业中一般采用发酵法。在这里着重介绍酶制剂和酒精活性干酵母（AADY）在发酵法酒精生产中的应用技术。

在淀粉质原料酒精生产过程中，目前普遍采用在混合均匀的料浆中加入淀粉酶，即采用加酶蒸煮法。蒸煮方式有高温、低温和中温三种。高温蒸煮需要高温、高压，能耗大；低温蒸煮由于灭菌不彻底，发酵过程易染杂菌，影响出酒率。比较好的是中温蒸煮，它是随着耐高温 α－淀粉酶的出现而诞生的一种酒精原料蒸煮技术。该法的优点是：比高温蒸煮节能；其蒸煮温度（100℃）可保证对原料的充分糊化、液化，且杀菌力度比低温蒸煮高，有利于控制酒精发酵时的酸度，稳定和提高出酒率；由于添加了耐高温酶，便于废醪固液分离；解决了浓醪发酵时蒸煮醪和糖化醪发黏、泡沫过多的问题，提高了设备利用率，便于蒸馏；便于喷射管蒸煮液化，适合现代化微机控制、自动操作等。

我国酒精生产过去使用曲作糖化剂，目前已普遍采用了糖化酶。酶法糖化技术的应用，大大提高和稳定了酒精生产的出糖率、出酒率，减少了酒精杂质含量，并且简化了操作和减少了人、财、物，提高了经济效益。

发酵中的酵母过去采用扩大培养的方法制得，即酒精母种子从斜面扩大到三角瓶、卡氏罐，然后到小酒母和大酒母。目前，很多工厂利用活性干酵母代替了自已培养大酒母的过程。使用酒精活性干酵母可以大大简化工艺和提高酵母质量，节省投资和降低成本，提高企业经济效益。因此，已被许多中小型工厂所采用。

此外，使用固定化酵母生产酒精是继使用活性干酵母后酵母工艺的重大改革。它是利用糖蜜或以糖化酶进行糖化后的糖化酶，不直接外加或外接酵母，而是连续通过具有高度密集的活酵母的载体使其发酵生产酒精的过程。此技术已在我国多家酒精厂正常使用，不仅适合糖蜜原料，也适合淀粉质原料生产酒精。

2）啤酒。传统啤酒酿造是以麦芽、酵母、水和啤酒花等四种原料进行的。现代啤酒则是以大麦为主要原料，大米或谷物、啤酒花为辅料，经制麦芽、糖化、发酵、加工和成熟等工序酿制而成的。在啤酒的生产中，现代生物技术（主要是酶工程）起着越来越重要的作用。

首先，耐高温淀粉酶的应用改变了传统工艺，使辅料比例大大提高，实现了无麦芽糊化，节粮节能显著，提高了产品质量，取得了很好的经济效益。其次，酶制剂在啤酒工业中还有其他的作用，例如：添加蛋白酶（如木瓜蛋白酶、细菌蛋白酶等），提高麦汁 α－氨基酸；添加 β－葡聚糖酶，改善麦汁过滤性能；添加 α－乙酸乳酸脱羧酶，降低双乙酸含量，缩短啤酒成熟周期；添加蛋白酶提高啤酒稳定性（如菠萝蛋白酶、木瓜蛋白酶等）；添加葡萄糖氧化酶去除啤酒中的溶解氧，以提高稳定性，延长保存期。

利用固定化酶（细胞）技术酿造啤酒是近年来国内外啤酒工业的又一新动向。它将原来的分批发酵法改为连续生产，大大提高了生产能力，并能较为容易地改进生产工艺，使产品质量达到均一，缩短啤酒发酵和成熟时间。目前，用于啤酒生产的固定化酵母多采用包埋法，它是在一个预制的基质材料（如海藻酸钙、DEAE－纤维素等）中将酵母包埋进去的方法，取得了较为满意的效果。但是，固定化酵母技术在实际应用中仍有一些技术性问题有待解决。例如，固定化酵母的生理特性随着使用时间的延长而发生变化，生物反应器操作工艺参数的正确控制及污染的防治等，这些在技术上都需要进一步完善。

3）白酒和黄酒。白酒和黄酒都是我国历史悠久的传统酒，但出酒率低、发酵周期长是它们工艺上所存在的严重不足。近年来，糖化酶应用技术的出现，在酿造工艺上是一大突破。

糖化酶在白酒和黄酒生产中的应用，主要是为了弥补传统工艺中曲的不足，即糖化发酵力低、曲中带有杂菌和不耐酸等。糖化酶的应用的目的在于提高原料出酒率和缩短发酵周期。

糖化酶应用技术成功的关键，在于合理使用和充分混合。无论应用于白酒或者黄酒，都必须以保证质量为前提，糖化酶的使用量、添加时间、添加方式都要按照工艺需要确定，更多时候要通过生产实践确定。充分混合是指糖化酶加入时必须与曲粉、原料充分混合，使酶在原料中均匀分散，糖化酶分子与原料中淀粉颗粒充分接触，增大接触面积，保持一定的接触时间，以使糖化酶充分地发挥作用。

（2）生物技术在调味品生产中的应用

调味品种类很多，可分为发酵性和非发酵性两大类，发酵性调味品中产量最大的是酱油和食醋。在这里简要介绍酶制剂在调味品加工中的应用（图8－4）。

1）食醋。食醋是利用米、麦、高粱或酒糟等酿造而成的含有醋酸的一种水溶性液体，发酵菌通常是醋酸菌，它是人们日常生活中常用的调味品。据研究，醋有很高的营养价值和医疗保健作用。醋除了含有醋酸成分外，还含有乳酸、柠檬酸、焦性葡萄糖、氨基酸、微量酒精及多种营养元素，能促使胃酸、肠液分泌，加强消化系统功能。醋还是一种防腐杀菌剂，能抑制微生物生长和繁殖，破坏微生物的生存条件。

我国中小型食醋企业大多采用传统的固态发酵法酿造食醋。此法虽然简单易行、投资少、产品质量好，但也存在着发酵周期长、出醋率和淀粉利用率低等突出的缺点，并且需要制曲操作。近几年来，随着酶应用技术的迅速发展，一种新型制醋法——前液后固酶法酿醋工艺在我国食醋行业很快实用化。这种酿醋法，由于使用商品酶制剂和耐高温酒用活性干酵母，各个环节染菌机会少，并可控制最佳温度条件，满足工艺要求，生产比较稳定，且能解决食醋生产夏季减产的问题。此外，由于固定化细胞发酵也可以有效提高生产效率，因而得到了越来越多的应用。

图 8-4　调味品的生产

2）酱油。酱油在我国有 2 000 多年的历史，是在制酱的基础上开始制作的。酱油在烹饪中使用颇多，能增加食品的鲜度、香味以及色泽，刺激人们的食欲。酱油的营养也十分丰富，含有糖类、蛋白质、氨基酸、脂肪酶、维生素 B_1、维生素 B_2、烟酸及多种人体必需的营养成分。最新的研究报道表明，酱油还有抗癌功效。

我国的酱油生产目前大多数采用固态低盐发酵法。为了改进工艺，提高淀粉利用率和酱油的质量以及风味，有些工厂在酱油生产中已成功地采用了酶法液化、糖化技术。这是利用微生物淀粉酶使淀粉水解成还原糖，再拌入成曲中进行酱油发酵的一种方法。该法避免了淀粉质原料的损耗，提高了蒸煮和制曲设备的利用率。

除上述的淀粉酶应用技术外，在酱油生产中还可应用蛋白酶以加速酱醪的成熟。固态低盐法酱油发酵在正常温度（40～50 ℃）和水分条件下，一般成熟期需18～20天，如果在酱醪发酵过程中添加一部分蛋白酶，成熟期可缩短至13～15天。

8.1.3 生物技术与饮料生产

饮料作为食品工业的支柱产业，具有市场广阔、经济效益显著等特点。在各种传统饮料产品继续得到发展的同时，多种各具特色的新型饮料产品不断问世，极大地促进了饮料工业的发展。传统的饮料生产工艺各具特色，产品丰富多样。生物技术的采用，给现代饮料工业注入了新的活力。

生物技术应用于饮料生产，可以在资源利用、产品开发、改进生产工艺以及提高产品质量等方面发挥巨大作用。

（1）乳酸菌及其发酵制品

近年来，乳酸发酵食品日益受到消费者青睐，特别适宜作为婴儿辅助食品和老年食品。乳酸菌是一类可发酵利用碳水化合物而产生大量乳酸的细菌。人们对乳酸菌的应用历史非常悠久，保加利亚酸奶、马奶酒及酱腌菜等均是传统的乳酸菌发酵制品。近年来，随着乳酸菌尤其是双歧杆菌、嗜酸乳杆菌等肠道有益菌的许多重要生理功能的确认，各种乳酸菌发酵制品更是风靡全世界（图8－5）。

图8－5 乳酸菌饮料

1）乳酸菌。通过对乳酸菌及其代谢产物的大量研究，目前认为乳酸菌之所以有益于人体健康是由于它具有如下一些主要生理功能：

对肠道菌群的改善作用。乳酸菌可抑制肠道内病原菌和有害于人体健康细菌的生长繁殖，增加人体内有益菌的数量，维持肠道菌群平衡，对保持人体健康、预防疾病具有十分重要作用。

与普通乳相比，发酵乳制品的消化吸收性和营养价值及其风味都已大大提高。

乳酸菌能降低血清胆固醇水平，可预防由冠状动脉硬化所引起的心脏病。

具有防癌、抗癌作用。

对常见致病菌有拮抗作用，代谢产物乳酸和醋酸有公认的杀菌作用。

所以，乳酸菌是一类对人体健康非常有益的功能因子，很有必要通过食品途径补充这一活性成分。目前利用天然的或经筛选的乳酸菌为菌种，经培养制得的乳酸菌发酵制品主要有酸牛奶、发酵酸奶油、酸性乳酪、干酪、酸性稀奶油、双歧杆菌乳、嗜酸菌乳、酸牛奶酒及活性乳酸菌饮料等，绝大多数属于发酵乳制品。

2）酸牛奶。酸牛奶是以新鲜乳、脱脂乳、全脂乳、脱脂乳粉等乳制品为原料，用嗜热链球菌和保加利亚乳杆菌的混合菌种为发酵剂，经共生发酵而研制出的发酵型酸乳。这是我国最为普及的发酵乳制品，根据加工工艺的不同有静止型酸奶和搅拌型酸奶两种产品。

静止型酸牛奶（酸凝乳）。原料乳中的乳糖经乳酸菌生长繁殖发酵产生乳酸，使乳的 pH 值下降，此时由于酪蛋白胶粒中的胶体磷酸钙变成可溶性磷酸钙，其稳定性下降，当 pH 值降到酪蛋白的等电点 4.6～4.7 时，便产生沉淀胶凝作用，在包装容器中形成了冻胶状的凝胶产品即酸凝乳。

目前，我国酸奶大多使用混合发酵剂。典型的混合发酵剂是嗜热链球菌和保加利亚乳杆菌（1:1），它们的最适生长温度为 42～43 ℃；如采用保加利亚乳杆菌和乳酸链球菌（1:4），最适生长温度为 35～37 ℃。

原料乳的感官指标（色泽、滋味、气味、温度）、理化指标（相对密度、酸度、脂肪）和微生物指标（杂菌数、大肠杆菌数）经严格检验都必须符合规定标准。此外，还需对原料乳进行抗生素检测，选择不含抗生素的原料乳。

在调制原料乳时，要求先进行原料乳的标准化，然后再经过均质、杀菌、冷却、接种、装瓶、发酵、冷藏等一系列工序后，即可得到最终的酸凝乳制品，最终乳酸酸度可达0.8%~0.9%。

搅拌型酸牛奶。搅拌型酸牛奶与静止型酸牛奶的差别主要在于后者是灌装后发酵，而前者则在灌装前发酵和凝乳破碎后灌装。

3）乳酸菌饮料。乳酸菌饮料是以新鲜乳及乳制品经乳酸菌发酵所得凝乳为主要原料，配以各种辅料（如甜味剂、稳定剂、果汁等）而制成的直接饮用的液体饮料，要求其非脂乳固体含量≥3.6%。菌种仍可采用酸奶制造时典型的嗜热链球菌和保加利亚乳杆菌混合菌。在整个生产工艺上，前阶段原料乳的发酵与酸奶的生产工艺基本相同，不同的是后阶段添加各种辅料的调配工艺。根据生产工艺的不同，乳酸菌饮料可分为活菌型与杀菌型两类。

乳酸菌饮料的感官指标见表8-1。

表8-1　乳酸菌饮料感官指标

项目	指标
色泽	呈均匀一致的乳白色，稍带黄色或相应的水果色泽
滋味和气味	口感细腻、甜度适中、酸而不涩，具有乳酸菌饮料应有风味，无异味
组织状态	呈乳浊状，均匀一致不分层，允许有少许沉淀，无气泡，无异物

4）双歧杆菌乳。近年来，人们对许多有益微生物能否在消化道内存在并起积极作用做了大量研究工作。随着对发酵乳和微生物菌群之间的相互作用的研究，提出了对肠道菌群生理作用的新观点。因此，以双歧杆菌为首的肠道有益菌也被广泛用于发酵乳生产。根据DNA同源性和糖发酵特征，双歧杆菌属有24种，其中存在于人体中的有：两歧双歧杆菌、青春双歧杆菌、婴儿双歧杆菌、短双歧杆菌、长双歧杆菌。婴儿肠道内以婴儿双歧杆菌和短双歧杆菌为主，成人肠道内缺此2种。

双歧杆菌是人体肠道内正常的菌群之一，对人体具有许多有益的生理功能，应设法通过饮食等多种渠道来增加体内该菌的含量。但是，由于双歧杆菌是严格厌氧菌，在大规模的生产中，若采用厌氧的方法则设备要求高、成本高，显然是不符合实际的。而采用非厌氧的方法生产，在乳制品的发酵过程中，该菌产酸能力低，凝乳时间长，又给生产带来了困难。因此，筛选耐氧型菌株，寻找该菌株必需的生长促进物质，并选择该菌株在非厌氧条件下最佳生产工艺和条件，成了克服上述困难的可供选择的方法和途径。

按照加工工艺不同，目前双歧杆菌乳的发酵可分为三种形式：分别发酵、混合发酵和分步发酵。

分别发酵。将双歧杆菌和乳酸菌置于不同发酵罐中单独发酵，然后按比例混合，灌装后入冷库后熟。这种酸乳具有典型的酸乳风味，且在工业化生产中较易控制，适合于乳品厂的生产条件。

混合发酵。将乳酸菌与双歧杆菌的母发酵剂混合培养或分别培养制备工作发酵剂，然后以适当的比例接种于经处理的乳中，于适当的温度下恒温发酵，到达规定的酸度后停止发酵，迅速冷却。该法使发酵时间大大缩短，并有效地改善成熟凝乳的风味，因此值得推广应用。

分步发酵。先将5%的双歧杆菌发酵剂接入经处理的牛乳中，于37 ℃培养发酵至一定酸度后，再接入按配比的酸乳发酵剂，于42 ℃发酵至要求酸度后，立即冷藏制得双歧杆菌乳。分步发酵的产品中，双歧杆菌数得到了一定的增殖，且保持着幼龄活性状态，因此在冷藏初期菌数不但不降低，反而略有提高，并且在保质期间仍保持较高的活性。但分步发酵法的工业化生产控制相对困难一些。

（2）植物蛋白饮料

植物蛋白饮料是利用蛋白质含量较高的植物种子和各种核果类为主要原料，经加工制成的乳状饮料。在以大豆为代表的植物蛋白原料中，含有较高的蛋白质、维生素、矿物质和其他营养成分，特别是由于大豆中不含胆固醇，而含有大量的亚油酸和亚麻酸，长期食用不会造成血管壁胆固醇的沉积。

以豆乳为主的植物蛋白饮料，由于营养丰富、风味优良，加之原料来源充足，近年来有了较快的发展。通过生物技术对丰富的植物蛋白资源进行深加工，不仅可以最大程度地保留营养成分，而且可以改善产品的风味，消除某些对人体健康不利的因子，从而生产出理想的植物蛋白饮料。

植物蛋白饮料主要有调制型植物蛋白饮料和发酵型植物蛋白饮料两大类，前者是将原料经过预处理后制浆，再经适当调制而成；后者是在原料制浆后，加入少量奶粉或某些可供乳酸菌利用的糖类作为发酵促进剂，经乳酸菌发酵而成，它既保留了植物蛋白饮料的营养成分，又利用乳酸菌的作用产生了宜人的酸味和其他风味物质，并部分脱除植物蛋白原料中的某些异味。乳酸菌还对植物蛋白进行适度降解，提高了植物蛋白的营养价值。因此，发酵型植物蛋白饮料兼有植物蛋白饮料和乳酸菌饮料的双重优点。

（3）果胶酶用于果汁饮料生产

果胶酶是指分解果胶质的多种酶的总称，它可分为两大类：解聚酸和果胶酯酶。果胶酶在食品工业中应用广泛，尤其适用于葡萄、苹果、草莓、山楂等多种水果的加工，也是饮料工业中有效的澄清剂。目前，许多国家已广泛将其应用于果汁、果酒的工业化生产，以利于达到最终产品的澄清度，提高生产效率和产品质量。

许多微生物都具有产生果胶酶的能力。使用的产酶菌有酱油曲霉、日本曲霉、黑曲霉等。黑曲霉 As 3.316 菌株是国际公认的可用于食品的安全微生物。

果胶酶在果汁饮料生产中的主要作用有：

1）果汁提取。果胶酶用于提高果汁出汁率及果汁、果酒澄清。如苹果易用机械压榨取得果汁，但汁液经离心后，仍含不溶性果胶而显得比较混浊，通过外加果胶裂解酶，即可澄清果汁。果汁生产中过滤的速度和阻力都受到过滤前面工序的影响，经果胶酶处理又经澄清处理的果汁的过滤阻力可大大降低。

2）果汁澄清。新压榨出来的果汁不仅黏度大，而且混浊。加果胶酶澄清处理后，黏度迅速下降，并且造成果汁混浊的粒子迅速凝聚，使果汁易于过滤，并且得以澄清。有些果汁含有淀粉，为了防止果汁由于淀粉的存在出现混浊，可用含有淀粉酶的粗果胶酶制剂进行澄清处理。利用果胶酶制剂处理苹果果汁、果浆，结果表明，用 0.1% 的果胶酶处理，可明显提高出汁率、可溶性固形物含量和透光率，降低 pH 值和相对黏度，处理效果随作用时间增长而增加。

3）果实脱皮。含有纤维素酶和半纤维素酶的粗果胶酶制剂能够作用于果实皮层，使之细胞分离，结构破坏而脱落。橘子囊衣、莲子肉皮和大蒜膜层经粗果胶酶处理后，可以很快脱落。此外，果胶酶对杏仁也具有一定的脱皮作用。

4）果酒澄清和过滤。果胶使果酒透光率差、混浊和出现沉淀。果酒经果胶酶澄清处理能除去果胶，从而保持其稳定性。由于发酵后用酶处理，不仅用酶量大而且所需时间也长，因此广泛采用发酵前或发酵中加果胶酶处理的工艺。

除上述之外，还可利用粗果胶酶从植物材料中提取有用物质。例如从橘皮中提取香料油和类胡萝卜素；从果皮和果渣中提取使饮料形成雾样混浊的物质。果胶酶还可用于提高橄榄油的产量以及咖啡浓缩等。

8.1.4 食品添加剂

食品添加剂是食品工业的重要组成，也是食品工业新的增长点。国际上批准使用的食品添加剂有4 000～5 000种，我国已批准使用的食品添加剂品种有1 500多种。按用途分为香精香料、色素、甜味剂、酸味剂、增鲜剂、乳化剂、增稠剂、防腐剂、抗氧剂、营养强化剂等，约20大类。2001年我国食品添加剂总产量200多万吨，总产值220亿元以上，约占当年食品工业总产值的9 500亿元的2.3%。

食品添加剂对食品工业来说是非常重要的，可以说没有食品添加剂就没有现代食品工业。随着生物技术的不断发展及人们对天然品的偏爱，利用动植物或微生物的代谢产物等为原料经提取、酶法转化或发酵等技术生产的天然食品添加剂在总量中所占的比重越来越大。

（1）食用色素和维生素

1）食用色素。食用色素以前主要由化学合成法生产，而如今大多数食用色素均是从植物中提取或利用微生物发酵技术生产。食用色素以黄色和红色为主，从植物中提取的天然色素有β－胡萝卜素、姜黄、菊花黄、紫草红、桑葚红、茶绿素等许多种。利用微生物发酵生产的色素有红曲色素和β－胡萝卜素等。在这里主要介绍红曲色素和β－胡萝卜素的微生物生产技术。

红曲色素。红曲是我国、日本等亚洲国家所喜爱的天然色素，主要用于红曲酒、红曲醋、红腐乳和豆腐糕的生产，也广泛用于烹饪和食品加工中的着色。传统红曲是以大米为原料，经过浸米、蒸饭、冷却后，自然接种红曲霉种子，经发酵而成的紫红色大米粒状产品。这种固体培养法（盒曲法）制取红曲，产量低、色价低，质量不稳定。20世纪70年代以来，国内外开始采用液态深层发酵法生产红曲色素。

β－胡萝卜素。胡萝卜素既是一种生理活性物质，又是一种天然色素，已在食品、化妆品、医药等工业上得到广泛的应用。β－胡萝卜素是胡萝卜素中具有最高维生素A原活性的一种，在防癌抗癌和预防心血管病等方面有明显作用，作为食品添加剂也已被联合国粮食及农业组织（FAO）和世界卫生组织（WHO）食品添加剂专家委员会认定为A类营养色素。胡萝卜素的制法有天然提取法、化学合成法和生物技术法3种，由于合成法生产成本高，从植物中提取β－胡萝卜素也受含量低与季节、气候、产地和运输等条件的限制而难以大规模生产。利用微生物生产β－胡萝卜素则具有含量高、易于大规模培养的优势，值得大力开发。目前，用于生产β－胡萝卜素的微生物有霉菌、酵母、细菌等。

2）维生素。维生素、氨基酸和矿物质为三类重要的食品营养强化剂。采用生物技术生产的维生素主要是维生素B_{12}和维生素B_2，前者大多由链霉菌抗生素发酵液中回收得到，后者主要由核黄素产生菌发酵生产。据营养调查的结果，我国人民维生素B_2缺乏者甚多，因此它应是一种重点应用的强化剂。

（2）食用调味剂和香料

食用调味剂和香料的作用是增味和调味，以便食品更香甜可口，味道鲜美，增强人们的食欲。通常我国作为食品添加剂管理和使用的调味剂主要包括酸味剂、甜味剂和鲜味剂，而食用香料则是食品添加剂中品种最多的一类。

1）酸味剂。酸味剂主要包括食醋、乳酸、柠檬酸、苹果酸、反丁烯二酸等。在近代食品工业中，最重要的是柠檬酸。

柠檬酸一般由黑曲霉等菌种来生产，多采用液体深层通风发酵法。柠檬酸发酵的趋向是采用固定化菌体，例如用海藻酸盐固定化菌体小球进行连续化生产，柠檬酸最高产量达到70毫克/（克·时），是未固定菌体的5倍。菌种除主要使用黑曲霉外，国外正在大力研究用酵母和细菌生产柠檬酸。由于黑曲霉本身淀粉酶含量极低，因此采用外加酶法液化是必要的。我国过去均采用中温α－淀粉酶，近来随着耐高温α－淀粉酶的引进和投产，很多工厂已经在柠檬酸生产中开始应用并获得了良好效果。

2）鲜味剂。鲜味剂又称风味增强剂，是指用以增补或增强食品原有风味的物质。生物法生产的鲜味剂主要有两类：氨基酸和核苷酸。

氨基酸在食品与饮料工业中，广泛用来增强口味，作为鲜味剂和营养添加剂。作为鲜味剂的有谷氨酸和天冬氨酸的钠盐。作为营养添加剂的有甲硫氨酸、赖氨酸、色氨酸、半胱氨酸、苏氨酸和苯丙氨酸等。氨基酸的世界年产量超过60万吨，日本是主要生产国，占有1.5亿美元的世界市场。通过广泛筛选突变株，得到了超量生产这些基础代谢物的菌株，DNA技术还将进一步提高菌株生产量。

最早发现的是5′-肌苷酸（5′-IMP），它具有类似鲑鱼肉的鲜味。继而发现了5′-鸟苷酸（5′-GMP），其鲜味高于5′-IMP两倍。这两种呈味核苷酸的出现，打破了谷氨酸钠作为唯一鲜味剂的单调局面，国际市场已代之以多种多样的谷氨酸钠与核苷酸配制的“特鲜味精”“复合味精”和“强力味精”。

3）甜味剂。大多数人在摄入食物时需要甜味。甜味剂可用于软饮料、糖果点心、果酱和果冻、冰激凌、罐头食品、烘烤食品、发酵食品、腌制食品和调味汁，以及肉产品，是一个真正有赖于生物技术革新的广大市场。

在20世纪70年代以前，甜味剂主要是甜菜糖和蔗糖；70年代以后，用化学合成法或生物技术开发出一系列甜味物质，成为食品添加剂的一个主要门类。糖精是化学合成的，曾广泛使用多年，但现在越来越受到新的、天然的、低热值甜味剂的挑战。而生物技术方法则发展出最受市场欢迎的甜味剂——阿斯巴甜它的甜度是蔗糖的200倍，是一种二肽（L-天冬氨酰-L-苯丙氨酸甲酯），在合成过程中，最贵的成分是苯丙氨酸，现在大部分由发酵生产。另外还有一种从西非菊芋科植物的浆果中提取的蛋白质thaumatin是目前已知最甜的化合物（甜度为蔗糖的3 000倍）。它在日本和欧洲销售很广，人们正努力用遗传工程菌来生产这种蛋白。

4）香料。食用香料是具有挥发性的含香物质，可分为天然香料与人造香料两类。天然香料一般是通过动植物原料提取，但由于大部分植物香精油及生鲜食品的香气成分是生物新陈代谢过程中的产物，所以人们已经很重视利用微生物及酶技术来生产食品香料。微生物不仅种类多，并且可以通过选育获得更理想的生产菌种，除了可用于生产已存在的香料物质外，还可望发现目前尚未发现的新的优质风味原料。而传统的分离提取法生产天然风味剂或香料，往往要受到原料来源、含量、地区等的限制以致无法大量生产，价格也较高。

香料生产与生物技术有着密切的关系。利用生物二次代谢产物，现已培育出了高生产性能的作物品种，基因工程和酶工程也在香料的生产中起着越来越重要的作用。

（3）增稠剂

食品增稠剂是能改善食品物理性质或组织状态，使食品黏滑适口的添加剂。增稠剂品种很多。黄原胶是最有名的微生物来源的增稠剂，另外还有从淀粉经微生物酶作用提取制成的β－环状糊精。

1）黄原胶。又称汉生胶或黄杆菌胶，是微生物产生的一种高分子酸性杂多糖，具有良好的增稠性能。工业生产通常以工业级葡萄糖或经酸酶联合处理稀化的淀粉作底物，以玉米浆或酵母和大豆等的抽提物作氮源，通过野油菜黄单胞菌等来生产黄原胶，生产周期约80小时。

黄原胶是一种理想的食品添加剂，主要用作食品稳定剂、乳化剂、增稠剂等。另外，因该多糖的流变性和稳定性好，还可用于色拉调味汁、果汁芳香饮料、干酪等。

2）β－环状糊精。β－环状糊精是一种由6～8个葡萄糖苷基以α－1，4－葡萄糖苷键结合而成的环状寡糖类物质。由于其所具有的独特结构，β－环状糊精被称为“王冠化合物”“神奇的分子胶囊”及“具有魔术的粉末”等，在医药、食品、农业和化学工业等领域有着广阔的应用前景。在食品工业中，β－环状糊精主要用作食品的稳定剂、乳化剂、起泡剂、色素保护剂、防潮保湿剂、定香调味剂、防腐剂及食品风味改善剂等。

（4）乳化剂

食品乳化剂是食品工业中用量最多的添加剂，其作用是在食品加工过程中使互不相溶的液体（如油和水）形成稳定乳浊液。在长期的发展过程中，目前已形成了以脂肪酸多元醇酯及其衍生物和天然大豆磷脂为主的食品乳化剂体系。例如，辛癸酸甘油酯是一种乳化性能优良的乳化香精用食品添加剂，可应用于饮料、冰激凌、糖果、巧克力等食品的生产。

传统上是用化学法合成甘油脂肪酸酯，该方法的主要问题是催化剂效率不高、副产物多、提纯工艺复杂、收率不高及产品改性难。因此，有关乳化剂合成新工艺、新的改性方法成了目前很活跃的研究课题，其中酶在非水相（有机相）中的催化技术的发展对整个研究起到了推动作用。尤其是脂肪酶在有机相中能够催化油脂分解、酯交换和酯合成反应，显示出它在乳化剂合成、改性及其他有机合成领域的巨大应用潜力。

（5）防腐剂和抗氧化剂

防腐剂大多是化学合成品。微生物来源的食品防腐剂已经商业化生产的主要是乳酸链球菌素。乳酸链球菌素，亦称乳链菌肽，虽然不是天然提取物，但它是可以用食用蛋白质原料经发酵法生成。它由 34 个氨基酸组成，人体能消化代谢，无任何毒性，可视同天然物。对革兰氏阳性菌，包括葡萄球菌、链球菌、微球菌等有害菌有较强的抑制作用，它在乳制品和肉制品中使用，用量 0.02% ~0.04% 就有较好的抑菌效果。而且在肉制品中使用，可降低杀菌温度，从而改善熟肉制品的口感。

抗氧化剂主要靠化学合成或从天然植物香料中提取。能够利用微生物发酵法生产的主要是维生素 C 及异维生素 C。

8.1.5 功能性食品

功能性食品是指其成分使人体能充分显示身体防御功能、调节生理节律以及预防疾病和促进康复等有关的身体调节功能的加工食品。欧美国家所通称的“健康食品”或“营养食品”和我国俗称的“保健食品”，其所特指的含义及内容均与“功能性食品”相同或相似。

保健食品中具有生理活性的物质，被称为生理活性成分，它们可以起到增强和发挥人的机体功能，消除或预防疾病的生理调节作用。富含生理活性的物质多种多样，它们一般被称为保健食品的基料。目前，已确定的生物活性物质如下：

活性多糖：包括真菌多糖、膳食纤维等。

功能性甜味剂：包括功能性单糖、功能性低聚糖、多元糖醇和强力甜味剂。

功能性油脂：包括多不饱和脂肪酸、油脂替代品、磷脂和胆碱等。

自由基清除剂：包括非酶类清除剂和酶类清除剂等，后者如超氧化物歧化酶（SOD）。

维生素和微量活性元素：维生素包括维生素 A、维生素 E 和维生素 C 等，微量元素包括硒、铬、铁、铜、锌等。

其他生物活性物质：如双歧杆菌、黄酮类化合物、皂苷、谷胱甘肽等。

在这里简单介绍几种常见的功能性食品（图 8－6）。

图 8－6 功能性饮料

（1）真菌多糖

香菇、金针菇、银耳、灵芝、黑木耳、茯苓和猴头菇等大型食用或药用真菌中的某些多糖组分，具有明显提高人体免疫力的生理功能，而且大部分还有很强烈的抗肿瘤活性。因此，真菌多糖是一种很重要的功能性食品基料。

真菌多糖的生产方法主要有两种：从真菌实体中提取和微生物发酵技术。与传统的农业法栽培真菌实体然后提取多糖的方法不同，发酵法生产是在大型发酵罐内进行，可通过调节培养基组成、发酵温度和时间等，在短时间内得到大量的真菌菌丝体。这些菌丝体的化学组成或生理功能，经分析表明与农业栽培得到的真菌实体是很相似的。因此，从发酵菌丝体中提取的真菌多糖、真菌蛋白质及其他活性物质，可用来调制生产功能性食品。发酵法生产真菌及其多糖的最大优点是易于实现工业化连续生产、规模大、产量高、周期短和效益高等，主要缺点是一次性设备投资较大及部分菌丝体缺乏子实体所特有的芳香风味，需要进一步深入研究。

（2）低聚糖类和多元糖醇

低聚糖由 2 ~ 10 个单糖通过糖苷键连接而成，相对分子质量为 300 ~ 2 000。它们中的某些种类具有重要生理功能，例如，低聚果糖、低聚麦芽糖、低聚半乳糖等，具有改善血液中胆固醇含量、防治龋齿以及作为双歧杆菌增殖因子等。

多元糖醇是由相应的糖经加氢反应制得的一种新型功能性甜味剂，具有热值较低、对酸和热稳定、不发生美拉德反应、不会造成龋齿、引起血糖上升等优点，有着类似膳食纤维的功能。目前已开发的多元糖醇主要有山梨糖醇、甘露醇、麦芽糖醇等。

（3）功能性油脂

油脂是食品工业的主要原料之一。但富含饱和脂肪酸的脂肪摄入过多被认为与严重危害人体健康的肥胖症、动脉硬化、冠心病等密切相关。为此，各种低能量的油脂替代品应运而生，同时具有重要生理功能的富含多不饱和脂肪酸的油脂和磷脂已作为功能性食品基料用来代替以饱和脂肪酸为主的动物脂肪，达到增强机体健康的目的。

功能性油脂的主要代表便是 γ - 亚麻酸油脂。人体不能自行合成而必须从食物中摄取的三种必需脂肪酸是亚油酸、亚麻酸和花生四烯酸。日本于 20 世纪 70 年代就开始了以含 γ - 亚麻酸的月见草为原料生产保健食品，受到人们的欢迎。γ - 亚麻酸是合成前列腺素的前体物质，具有改善高血脂、改善胶原病、改善糖尿病并发症、抑制癌细胞繁殖等许多重要的生理功能。

以前，含有 γ - 亚麻酸的油类是从月见草的种子中提取，该方法的生产效率不高。利用微生物发酵法生产 γ - 亚麻酸油脂是 20 世纪 80 年代以来发展起来的一项先进的生物技术。

（4）自由基清除剂

已有研究表明，自由基与人类的健康和疾病密切相关，生物体内自由基过多或不足都对机体不利。氧自由基会破坏机体细胞，引起各种疾病并促进肌体衰老。在正常的生理状况下，人体内存在着一套防御机制，有一套完整的清除体内自由基的体系，使自由基的浓度保持在适当的水平。当出现某些病理情况时，体内自由基浓度升高，则会造成对机体的损害，此时给人体适当补充自由基清除剂具有重要意义。超氧化物歧化酶（简称 SOD）具有显著清除氧自由基的作用，已在医疗、食品及化妆品、添加剂方面显示出广阔的应用前景。

目前国内SOD制品主要是从动物血液（如猪血、牛血和马血）的红细胞中提取的，受到血源和得率的限制。选育高产菌株以生物技术生产SOD则具有可以大规模培养发酵的优势，日、美、西欧等发达国家现今已能生产SOD基因工程菌发酵产品。一些研究表明，用酵母表达生产人的SOD可能是最有应用前途的。我国也已进行了构建SOD基因工程菌的研究，但这方面的工作有待进一步深入和加强。

利用SOD制品或富含SOD原料可加工出富含SOD的功能性食品。目前上市的SOD功能性食品已有SOD泡泡糖、各种SOD饮料、SOD啤酒等。

8.2 生物技术为我们的食品安全把关

食品安全与食品检测技术息息相关。随着食品工业的发展，传统分析方法已远不能满足食品检测的要求。人们需要灵敏度高、特异性强、简便快捷的检测方法，而生物技术的发展使这一需求成为可能。免疫学和分子生物学技术在食品的检测中发挥了越来越重要的作用。

8.2.1 免疫学技术在食品检测中的应用

食品中所研究的若干大分子或小分子可以直接或间接成为抗原，使免疫学技术成为研究和检测食品中一系列材料的快速、灵敏、专一、高效的方法。抗原抗体的作用是免疫学的基础。抗原抗体特异性结合的结果，可以通过酶促反应、荧光反应、放射性同位素等来显示，由此建立了一系列敏感而实用的标记技术。其中，应用最多的是酶免疫法（图8－7）。

酶免疫法和其他免疫技术一样，都是以抗体和抗原的特异性结合为基础的，其差别在于酶免疫法以酶或者辅酶标记抗原或者抗体，用酶促反应的放大作用来显示初级免疫学反应。

免疫学技术已在食品工业生产及科研中得到了广泛的应用，在灵敏、快速、特异性强的基础上，向简便、易操作及自动化发展，与通常采用的电泳法和免疫

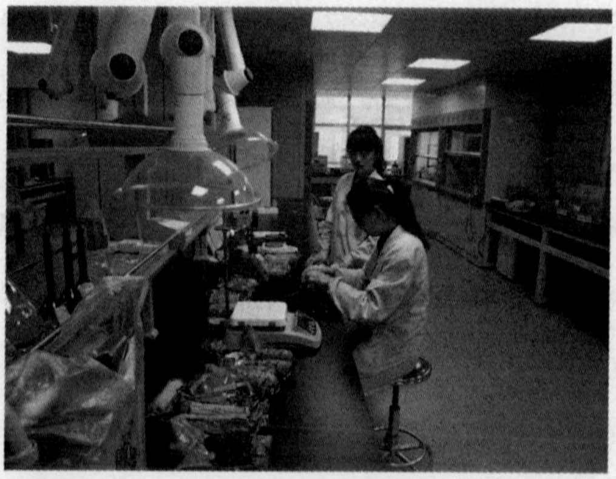

图 8-7 食品检测

扩散法相比，具有快速、准确，可同时检查几十个甚至几百个样品的优点。如各种免疫试剂盒、免疫试纸、免疫试剂碟等。应用范围包括：食品的成分（香气成分、不期望成分或有主要营养价值的成分），食品生产和加工（定性或定量检测腐败微生物及其成分、酶等引起的质量问题），食品安全性（检测病原微生物或微生物毒素、杀虫剂、抗生素以及食品掺假物等），食品成分（蛋白质等）在加工前后的分子水平上的变化及其加工特性。

如食品中微生物的检测，对大部分微生物来说，用传统方法检测至少需要 4~5 天，而新的快速检测方法，可缩短到 1 小时内。食品中毒素的检测，可检测黄曲霉毒素 B_1 最少含量为 25 皮克/毫升的样品；食品中生理活性物质的检测，牛初乳中乳铁蛋白的含量最小检出量为 0.5 纳克/毫升；食品中残留药物的检测，牛奶中磺胺甲基嘧啶残留量，最小检出量为 24 纳克/毫升。

8.2.2 分子生物学技术在食品检测中应用

现代生物学，尤其是分子生物学的飞速发展，也为食品检测提供了先进的技术手段，其中聚合酶链式反应（PCR）和 DNA 探针技术在探测食物传染病毒和追踪传染源方面已被广泛应用。

PCR 是一种高效的 DNA 扩增技术，能提高病菌核酸检测的灵敏度。一定长度和序列的目标核苷酸片段，通过不断链变性、退火和延伸，30 个周期扩增之后，单拷贝的目标序列可在 23 小时内扩增几百万倍。

DNA 探针检测微生物的依据是核酸杂交，即 2 条碱基互补的 DNA 链在适当条件下按碱基配对原则形成杂交 DNA 分子，通过检测待测样品与标记性 DNA 探针之间能否形成杂交分子，即可判断样品中是否含有此种微生物，并且还可以通过测定放射性或荧光等的强度确定样品中微生物的数量。最低检测限度为 1 ~ 10 cfu/25 毫升样品，可以用于食品的检测。如：

1）食品中腐败菌的检测：腐败菌是食品加工中的一大危害，特别是在发酵工业中腐败菌将造成整批产品变质，如能在早期发现腐败菌，人们将能及时采取控制措施，从而保证产品质量，减少损失。利用微生物生理生化特性鉴别微生物的传统方法在实际应用中已遇到越来越多的问题，如 PCR 技术用于啤酒中腐败菌的检测。糖化酵母是一种主要的啤酒腐败菌，由于其与酿酒酵母有相似的生理特征，因此很难将它们区分开来。使用 PCR 技术，所需检测时间仅为 5 小时，即使 100 毫升啤酒中只有一个糖化酵母细胞也能被检出。

2）食品中病原菌的检测：根据病原菌特定的遗传因子，通过 PCR 可将食品中的病原菌检出，从而避免食物中毒的发生，即使反应物中只有 10 个菌体存在也可将其迅速检出。

除此之外，PCR 技术还在食品中特殊成分的检测以及流行病菌检测中有着重要作用。

8.3 转基因食品的是与非

2012 年底的“黄金大米”风波，使群众对转基因食品更加关注。“黄金大米”是一种转基因大米，因色泽金黄而得名，不同于正常大米之处在于其主要功能为帮助人体增加吸收维生素 A。“黄金大米”试验之所以引发轩然大波，有多方面原因，诸如程序违规，作为转基因产品——“黄金大米”对人体有无副作用的争议等，无不透视出人们对于转基因食品安全性的担忧。

8.3.1 转基因食品的含义

所谓转基因，通常来说，是指利用分子生物学技术，将一种生物的基因转移到另一种生物中去，从而使后者出现前者的性状或产物的过程。以转基因生物为原料加工成的食品就是转基因食品。产量高、营养丰富和抗病能力强是转基因生物的优势。利用转基因技术改造作物，可大大加速优良作物的筛选和培育过程。

转基因技术始于20世纪70年代，90年代被广泛应用到农产品生产中。20世纪80年代初，美国最早进行转基因食品的研究，1983年转基因作物诞生（转基因烟草和转基因马铃薯）。3年后，转基因抗虫和抗除草剂植物开始大田实验，1990年世界上第一例转基因棉花大田种植成功。1994年，有两种转基因作物从实验室转向大规模田间生产，一个是可延长成熟期的转基因番茄（美国），另一个是抗病毒转基因烟草（中国）。其中美国的转基因番茄当年即获准进入市场销售。到目前为止，基因工程已经在动物、植物和微生物的基因改良中广泛应用。转基因食品由此产生、发展，并成为食品领域的新热点。

转基因技术在食品生产和加工等相关领域的应用不仅可以增加粮食和其他食品原料、辅料的产量，培养动物的优良品系，而且可以提高动植物的抗病性、改善食品的性状和营养品质，优化食品加工工艺。同时，对施放农药、化肥造成的污染问题的解决具有重要的意义。

下面就转基因技术在食品工业中的应用做简要论述。

（1）转基因植物

转基因植物是指将外源DNA通过载体、媒体或其他物理、化学方法导入植物细胞并得到整合和表达的过程。实现这一转化的途径称为转化体系。外源DNA通过载体介导实现其转化的体系称为基因载体转化体系。二十多年来，转基因植物的研究已取得显著的成绩，已经或将要进入市场的主要转基因植物有番茄、水稻、棉花、马铃薯、大豆、油菜、玉米和甜菜等。

植物转基因技术在农业生产中有以下一些显著作用：

1）提高农作物的抗病虫害性能：病虫害是造成粮、棉、油、果蔬等农作物减产、绝收的主要原因之一。近年来利用DNA重组技术、细胞融合技术等基因工程技术将多种抗病毒、抗虫基因导入棉花、小麦、水稻、番茄、辣椒等植物体并获得了稳定的转基因新品系。其中最成功的例子是中国农业科学院的转基因抗虫棉。不过，目前都属于单一基因的导入，抗病虫谱较窄，很难体现整体抗病虫害的优势。

2）提高农产品的耐储性，延长保鲜期：果蔬产品如番茄、香蕉、草莓、蜜桃等在产后的储藏、运输及销售过程中，由于果实熟化过程迅速，难以控制，常导致软化、过熟、腐烂变质，造成巨大损失。而传统的储藏保鲜技术如冷藏、涂膜保鲜、气调保鲜等在储藏费用、期限、保鲜效果等方面均存在着严重的不足。随着对果蔬成熟及其产品软化机制的深入研究和基因工程技术的迅速发展，通过基因工程的方法直接生产耐储藏果蔬品种已成为可能。目前无论在国外还是国内都已有商品化的转基因耐储藏番茄的生产。

3）提高农产品品质和产量：通过基因工程技术可以有效改变农产品的化学组分及其比例，以改善其食用品质或加工特性。例如，将硬脂酸 CoA 脱氢饱和酶基因导入油料作物，从而使转基因作物中的饱和脂肪酸含量有所下降，而不饱和脂肪酸的含量则明显增加，其中油酸的增加量可达 7 倍。

（2）转基因动物

转基因动物是指一类动物的基因组中整合有外源目的基因。通过转基因技术，将改建后的目的基因或基因组片段导入实验动物的受精卵，使其与受精卵 DNA 发生整合。然后将此受精卵转移到雌性受体的输卵管或子宫中，使其顺利完成胚胎发育。因此，后代的体细胞和性细胞的基因组内携带有目的基因，并能表达而呈现其生物效应。

到目前为止，转基因鼠、猪、绵羊、兔、鸡、牛等相继获得成功。1990 年，荷兰基因药物公司诞生了世界第一头为 Herman 的转基因公牛，导入了乳铁蛋白基因，经人工授精 1/4 后代母牛产乳铁蛋白，从此，转基因动物进入商业性阶段。

动物转基因技术在生产中的主要作用有：①提高动物的生产性能；②提高动物产毛性能；③提高食用肉质量；④生产基因工程药物等。

转基因动物食品如各种转基因鱼及利用转基因动物作为生物反应器生产的各种能够为人类食用的产品，如牛奶、奶酪等。

（3）利用遗传改造的微生物进行食品生产

由于微生物具有种类多、繁殖快、生产简单、能进行遗传改造等优点，人们利用遗传改造的微生物进行食品生产。目前用于生产的微生物主要有大肠杆菌、酵母菌、芽孢杆菌、链霉菌、丝状真菌等。

大肠杆菌是生产基因工程产品的主要原核生物，是发展最早、应用最广泛的微生物表达系统。与其他微生物系统相比，大肠杆菌系统具有遗传背景清晰、目的基因表达水平高、培养周期短和抗污染能力强等优势。但是大肠杆菌表达的目的基因往往形成无活性不溶的包涵体，而且蛋白的翻译后加工体系相当不完善，因此不能对重组蛋白质进行加工，这是限制其应用的主要原因。

酵母菌表达系统具有完善的翻译后加工系统，可以表达出多种用原核微生物无法表达的生物活性蛋白，但它的表达量有时不尽如人意，要达到生产水平还有许多要改进的地方。

市场上的微生物基因工程产品主要有利用基因工程方法培育的微生物菌种所生产的各种食品，如转基因酵母菌发酵生产的酒类、转基因霉菌生产的酱油等。

8.3.2 转基因食品的安全性

转基因食品自产生之日起就成为争论的焦点。转基因技术在给人类带来更加丰富的食品供应和巨大的经济效益的同时，可能引起的问题也使人们对其安全性产生了疑问。

有关转基因食品的安全性问题主要涉及五个方面：

1）外源基因自身的问题。外源基因本身或其表达的蛋白是否含有致毒或过敏性，给消费者造成健康危害。

2）对其他基因的影响。会不会导致其他基因突变或促成有害基因的表达。

3）通过食物链造成的影响。转基因食品中的外源基因通过食物链其他环节可能会无意中造成不良后果。

4）生态安全性问题。外源基因的引入，是否会干扰自然生态系统的种群结构和演替过程，破坏自然生态系统的生物多样性和遗传稳定性。

5）“基因逃逸”问题。转基因生物中的“有害”基因是否会逃逸到人体或环境中，增加抗药性问题。

8.3.3 各国对转基因食品的政策

世界各国对转基因技术与食品的认识和政策各不相同，西方发达国家也不例外。特别是与各国农产品贸易和农业保护政策结合在一起时，这些认识、政策就不再单纯是一个技术性的认识问题，有时还包含有很浓厚的政治与经济含义。也就是说，按农产品输出或输入国，对转基因技术与食品也可划分为积极与慎重两类。一般来说，农产品输出国如美国、阿根廷和巴西持比较积极和开放的态度，而农产品进口国如日本、欧洲各国则持相对慎重的态度。

我国政府鼓励基因工程技术及转基因产品的研究开发工作，同时十分重视转基因食品的安全管理，农业部成立了农业生物基因工程安全管理办公室和农业转基因生物安全委员会，自 1997 年起正式对我国境内的农业生物基因工程的环境释放和商品化生产实行规范化管理。

8.3.4 转基因食品的发展展望

尽管人们对生物工程技术和转基因食品的安全性还存在这样或那样的疑虑，其发展过程会有波折，但作为一门新兴学科，其发展也是不可阻挡的。

西方发达国家已充分认识到转基因食品的发展前景，并注入了大量资金进行开发研究。最近的一项调查表明，美国、加拿大等国的消费者大多已接受了转基因食品，仅有 27% 的消费者认为食用转基因食品可能会对健康造成危害。随着转基因食品安全性研究的深入、检测技术的进步和大众认识水平的提高，这个百分数将会不断降低。

从长远看，利用基因工程改良农作物的生产特性已势在必行，这是由于全球人口压力不断增加。据联合国统计，全球约有 8.56 亿人在遭受饥饿的折磨；据专家们估计，今后 40 年内全球人口将比目前增加 50%，粮食产量必须增加 75% 才能解决世界人口的吃饭问题。利用转基因技术能够培育出高产、优质的农作物新品种，从而可以使这种状况得到根本缓解。另外，长期、过量施用农药和化肥所带来的环境问题日渐突出，且难以治理，成为全球性的难题。如果利用转基因技术培育出抗病、抗虫的农作物新品种，这一难题就有了解决的希望。

总之，转基因技术的应用前景是非常广泛的，对人类的未来也将有深远的影响。我们既要给予足够的重视，又要认识到其可能给人类带来的危害。在转基因食品的研究、开发、生产、贸易流通和消费利用时都应该在采取积极主动态度的同时，又要时刻保持清醒的头脑。只有这样，才有可能在避免转基因食品可能给人类带来的负面影响的同时，加快生物工程技术的发展，为我国农业生产和人民生活水平的提高做出贡献。

生物技术作为一项极富潜力和发展空间的新兴技术，其在食品工业中的发展将会呈现出以下趋势；开发食品添加剂新品种，如用生物法代替化学合成的食品添加剂，开发功能性食品添加剂；通过生物技术实现食品的多样化，生产特定的营养保健食品，进而治病健身；在与环境协调的粮食生产方式方面，降低农用化学品的使用量，并使农作物更好地适应于特定的环境；通过转基因技术的开发加速农业、林业和渔业的发展，提高农作物产量，进而通过未来基因食品解决发展中国家人民的饥饿以及营养不良等问题。同时，通过建立权威专家技术鉴定机构及政府基因食品管理体系，协调和管理基因食品的有序发展，解决人们对于转基因生物技术的发展的争议。

9 现代生物技术与能源及环境保护

能源是人类社会生产生活的动力，现代社会的发展与经济的繁荣，与能源的发展变革息息相关。近30多年来，人们对不可再生矿物能源储量的有限性及其使用的局限性有了更深刻的认识：据1996年美国能源部的测算资料，世界已探明的矿物燃料的可使用年限约为：煤221年，天然气80年，石油39年。而我国已探明的矿物燃料使用年限却更糟糕：煤85年，天然气62年，石油19年。能源问题已成为制约我国经济持续发展的重要因素。另一方面，矿物燃料燃烧效率低，产生大量的CO_2、CO及碳氢化合物等有害气体，对生态环境的影响也到了非常严重的地步。因此，清洁能源的开发与应用是大势所趋。近些年来，由此而构成的能源科技新突破和新发展与微电子技术、生物技术、海洋工程、新材料研究等，共同形成一个引人注目的高技术群。这些高技术在世界范围内的角逐，汇集成一股全球性的高新技术发展洪流。世界能源已步入一个新的变革时期。目前，以微生物代谢活动为基础的现代生物技术在清洁能源的开发和应用方面显示了广阔的应用前景，并在微生物冶金、燃料乙醇、沼气以及氢气的制备等方面逐渐得到应用（图9-1）。

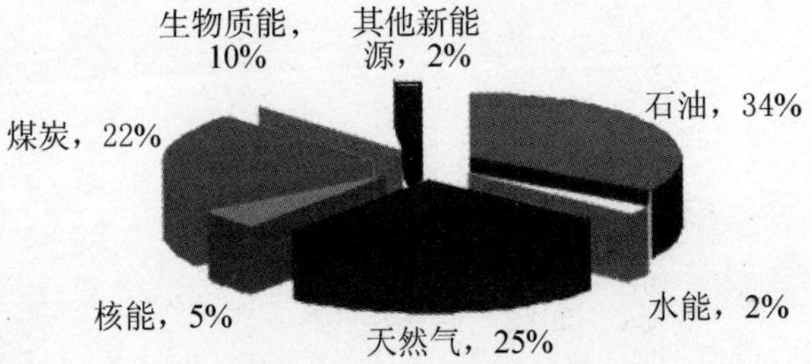

图9-1 能源利用比例

9.1 吃石吐金的微生物

有些微生物，吃下去的是矿石，排出的是便于提取的金属。人们利用此类微生物来进行冶金，又称细菌冶金或者微生物沥滤，是近代湿法冶金工业上的一种新工艺，它主要是利用细菌法在酸性介质或碱性介质的水溶液进行化学处理或有机溶剂萃取、分离杂质、提取金属及其化合物的过程，达到防止矿产资源流失，最大限度利用矿藏的一种冶金方法。

自从 1958 年美国用细菌法浸出铜和 1996 年加拿大用细菌浸出铀的研究和工业应用成功之后，先后有 20 多个国家开展了用微生物提取矿石中有价金属和减少废水中有害金属的研究。目前，该领域的研究十分活跃，有的技术已经应用于生产，有的正在由实验室向工业应用过渡，显示出广泛的应用前景。

我国是一个有色金属矿产资源储量大国，同时也是消费大国。经过半个多世纪的生产消耗，易采易选冶矿已为数不多。现有的常规物理、化学选冶方法由于回收率低、资源损耗大、生产成本高和对环境污染严重等问题已不适应社会经济可持续发展要求。微生物在矿物分离方面的优势显而易见，它既可用于矿物的就地浸出，也可用于工厂矿物处理、废水废渣处理。并且微生物浸矿具有生产成本低、投资少、工艺流程短、设备简单、净化环境、能处理复杂金属矿物等优点，因此微生物冶金的广泛应用，将引起传统矿物加工产业的重大变革，为人类、资源与环境的可持续发展开辟广阔的前景。

9.1.1 微生物吃石吐金的方式

微生物冶金分为间接作用和直接作用的方式。间接作用是指通过微生物作用产生硫酸和硫酸铁，然后通过硫酸或硫酸铁可将矿石氧化，使其中的铜、镍或铀等转变为可溶性化合物而从矿石中溶解出来，被包裹在矿石中的金、银也可以在矿石溶解后浸出。金属硫化矿经细菌溶浸后，收集含酸溶液，通过置换、萃取、电解或离子交换等方法将各种金属加以浓缩和沉淀。微生物浸出的直接作用原理是指细菌对矿石具有直接浸提作用。细菌对矿石有直接氧化的能力，细菌与矿石之间通过物理化学接触把金属溶解出来。

研究发现，某些靠有机物生活的细菌可以产生一种有机物，与矿石中金属成分嵌合从而使金属从矿石中溶解出来。电子显微镜照片也证实，氧化硫硫杆菌在硫结晶的表面集结后，对矿石浸蚀有痕迹。此外，微生物菌体在矿石表面能产生各种酶，也支持了细菌直接作用浸矿的学说。

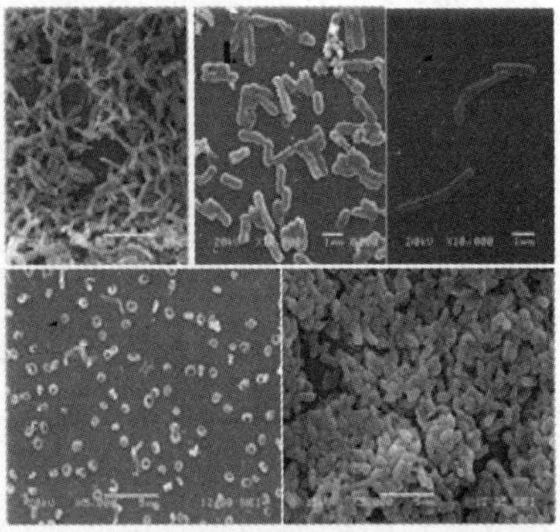

图9－2　几种浸矿细菌扫描电子显微镜照片

目前常用的冶金微生物主要包括硫杆菌属、钩端螺菌属、硫化杆菌属、硫球菌属等微生物（图9－2）。

9.1.2　对微生物吃石吐金的利用

目前细菌浸出的工业化方法有以下三种。①堆浸法，把矿石直接堆积在矿坑外进行浸出。②槽浸法，利用浸出设备搅拌反应器进行浸出。③原位浸出法，即原位置浸出或矿床内浸出。

近年来的研究工作表明，细菌浸出可以提取多种金属，已用于工业化生产的金属除了铜、金外，还有铀、银、锌、锑、锡、镍、钴、锰、钼、钪等。

9.1.3　寻找冶金微生物

高效的微生物菌种是进行微生物冶金的前提，目前冶金微生物菌种的选育工作主要涉及以下几个方面。

(1) 微生物的采样富集

要获得有用的微生物，需要根据不同的需要有针对性地进行筛选。

合适的采样地点：自然界中目的微生物在酸性条件下生存，浸矿微生物可能存在的地点主要有矿山、矿堆积或者尾矿流淌出来的酸性水中，也可能存在于矿石表面和热泉水或者矿浆中，因此，应该着重从这些地点采样。

选择合适的培养基：刚刚采集的样品一般不直接使用浸矿培养基培养，往往利用一些容易为菌体分解利用的培养物来扩大菌体数量。此后，将分离得到的微生物在相应的培养基上培养繁殖。常用的浸矿微生物所用的培养基是：用来培养氧化亚铁硫杆菌的9K培养基，用于培养铁氧化钩端螺菌的Leathen培养基，用来培养氧化硫硫杆菌的Waksman培养基，用于培养嗜热硫氧化菌的嗜热硫氧化菌培养基等。

选择适当培养条件：不同的浸矿微生物所需要的生长条件不同，如一些中温菌最适温度为30℃，中度嗜热菌的最适温度为45℃，极度嗜热菌的最适温度为70~80℃，因此，应该分别设置不同的培养温度进行培养。同时，不同的微生物对氧的需求不同，还应该分别设置厌氧和好氧培养条件。

（2）驯化培养

驯化培养的方法比较简单，即是不断提高目的矿样在培养基中的浓度，同时不断减少其他容易为菌体分解利用的物质的含量，直到完全停止。驯化培养实际上就是定向选择高耐受力菌株的过程，刚开始培养的周期可能比较长，以后驯化培养的周期会不断缩短。当菌体对某种金属离子具有较强的耐受力或者菌量在一个较短的周期内达到10^8~10^9数量级时，驯化培养就可以用来进行下一步的生物浸矿试验。

（3）微生物吃石吐金效果的检验

根据矿石的类型，可以利用驯化好的微生物进行浸矿试验。此过程应该注意以下因素。

a. 通气：在所有采用好氧嗜酸菌的生物预氧化系统中，通气都非常重要。在搅拌浸出过程中，当溶氧浓度下降到0.5~1.0毫克/升时，细菌氧化将停止。堆浸一般不用通气。

b. 酸度：细菌氧化过程中，pH值的选择与所用的菌体培养物、所处理的硫化矿物类型和采用的氧化工艺关系密切。

c. 温度：每种细菌都有其特定的浸出温度，一般来说，微生物的最适生长温度和最适浸出温度并不一致，因此，应该适当调整温度，使温度保持在细菌可以正常生长，同时又具有较高浸出效率的温度范围之内。

d. 营养物质：浸出过程中，随着反应的不断进行，对微生物有毒的物质会逐渐积累，这时应该注意更换营养液。有报道表明：重新分散硫化矿料于新鲜培养基中可以得到其他方法所得不到的很高浸出率；部分更换浸出液，浸出速度马上加快，浸出率可以提高近十倍。

e. 硫化矿物的量：在搅拌浸出过程中，矿浆应该保持一定的浓度。浓度过低，效率低下；浓度过高，需氧量大，需要提高搅拌速度，增加搅拌器对细菌的剪切力，导致细菌难以吸附到矿物表面，同时，细菌细胞壁容易损伤。

（4）冶金微生物菌种的遗传优化改造

迄今，大部分育种工程仍处于实验室阶段，主要应用传统诱变技术和现代基因工程手段进行改良。虽然传统诱变技术由于其非定向突变因素使得育种工作周期长，困难大，但经诱变育种的菌株适应性及氧化能力发生了质的飞跃，表现出显著的冶金效果。应用现代生物技术改良浸矿菌株的研究，对于处理日渐趋向于低品位、复杂难处理的矿产资源，提高有价金属回收率，缩短浸矿周期，具有重要的现实意义。

目前，我国对于微生物冶金技术的应用研究，大部分处于实验室和半工业试验水平，未能实现规模化应用，其中很重要的原因是原始驯化菌的浸矿能力差以及环境适应性弱。据了解，北京有色金属研究总院在国内率先开发了低品位硫化铜矿生物浸出工程化技术，并在紫金山低品位铜矿实现了工业应用，建成了国内首座、产能规模最大的低品位硫化铜矿生物堆浸提铜示范矿山。

工业生产中有关成功利用遗传学或者分子生物学方法改造的菌株的报道不多，已有的报道也仅仅限于实验室阶段，其主要原因是我国有关浸出细菌的基础研究相对薄弱，因此，应该加强这方面的工作。尽管如此，对已有浸出细菌进行遗传改造具有广阔的前景。

9.2 生物燃料

从1993年起，我国已由石油输出国变为石油净进口国，2005年石油进口超过1亿吨。中国石油天然气集团经济技术研究院披露，2012年中国石油净进口量达2.84亿吨，石油对外依存度上升至58%。我国能源缺口日益加大，能源的短缺和能源的安全问题已日趋严重。

9.2.1 燃料乙醇

在第九届全国人大四次会议通过的《关于国民经济和社会发展的第十个五年计划纲要》中把粮食阶段性过剩、开发乙醇等石油替代品、节约石油消耗等提到明确的战略高度，我国在乙醇汽油产业的发展方面具有相当的迫切性。

燃料乙醇是以玉米、小麦、薯类、甘蔗、甜菜等为原料，通过专用设备，特定工艺生产的高纯度无水乙醇，经过变性处理后，不能食用，仅供混配汽油的专用乙醇。所谓变性乙醇，就是添加有甲醇或甲醇和燃料的乙醇，只能做工业用途，不能勾兑成白酒饮用。

(1) 采用燃料乙醇的意义

①乙醇属于环保燃料，可以改善大气环境。使用专用发动机的汽车，乙醇加入量为85% ~100%。这样汽车就可以降低一氧化碳排放量30% ~38%，挥发性有机化合物约12%，氮氧化物排放量略有上升（绝对量极少），有害物质排放平均降低1/3以上。②缓解石油资源短缺。据中国石化石油化工科学院专家预测，我国的石油储量，按目前的探储速度和开采速度，到2030年前后，将开采贻尽，世界上的石油再有约50年也将用完。③利用粮食生产乙醇，解决粮食过剩，调整农业结构。近年来，我国农业生产连年丰收，粮食库存量逐年上升，形成了我国粮食存量的相对过剩，部分存粮已出现陈化。发展车用乙醇汽油，可有效解决粮食作物的转化，形成一个长期、稳定、有效、可控的粮食消费市场，也使国家拥有一个可靠的粮食转化和调控手段。④促进国民经济发展。利用发展乙醇汽油作为调控粮食市场的有效手段，对于稳定粮价，增加农民收入具有积极意义。同时，乙醇汽油的发展会带动众多相关产业的发展，无疑会创造更多的就业机会，为国民经济的发展做出更大的贡献（图9-3）。

(2) 乙醇的生产

乙醇的生产方法有两类，即合成法和生物法。合成法是利用乙烷和水加热加压在酶的催化下直接合成乙醇的方法，能耗较高。

生物法生产乙醇就是以农产物、农林废弃物（如农作物秸秆、甘蔗渣和国家森林每年为防止火灾稀疏林木而积累下来的森林残余物）为原料，通过水解作用将其转化为糖，再经发酵作用将糖转化为乙醇（图9－4）。

（3）燃料乙醇的发展状况

世界上对乙醇汽油的使用方法分为两大类，用汽油发动机的汽车，乙醇加入体积分数为5%～22%；专用发动机的汽车，乙醇加入体积分数为85%～100%。目前国际上利用燃料乙醇最多、排在前两位的是美国和巴西。目前巴西是世界上最大的燃料乙醇生产国，据估计2012年的产量大约在1 500吨，是唯一不使用纯汽油作为汽车燃料的国家。

图9－3　生物燃料生产、循环过程

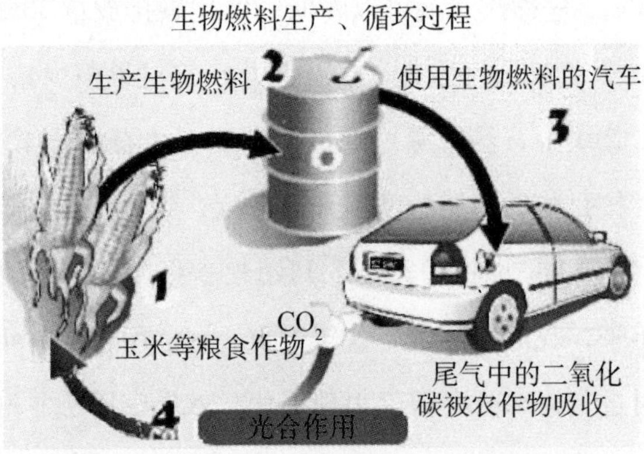

图9－4　生物能源利用

在中国石油、石化两大集团的参与下，我国于2000年正式启动了燃料乙醇的生产与试用工作，已经在河南和吉林建立了燃料乙醇的生产基地，产品已经逐步推向市场。专家预测，到2015年，我国石油消费缺口将达1.5亿吨以上，利用生物技术和可再生资源替代石油已成为能源发展的主导方向。我国将迅速成为燃料乙醇生产产量仅次于美国和巴西的国家。

9.2.2 沼气

沼气发酵是沼气微生物在厌氧条件（隔绝空气）下，以发酵的方式分解有机物，最终产出沼气的过程。沼气发酵是一个极其复杂的生理生化过程，需要经过水解、产酸、产甲烷三个阶段。沼气是包含多种可燃气体的混合物，其中含甲烷60% ~70%，此外还含有二氧化碳、硫化氢、氮气和一氧化碳等。因为它含有少量硫化氢，所以略带臭味。

（1）沼气的生成

沼气发酵是一个比较复杂的过程。在沼气池中栖息着种类繁杂、数量巨大而又功能各异的微生物，这些微生物按着各自的生理特点和营养要求，在有机物的发酵分解过程中承担不同角色。在沼气发酵过程中，首先是不产甲烷微生物将原料中的脂肪、蛋白质和糖类等有机物通过水解和发酵作用，大部分转化为种类不同的脂肪酸等物质，然后由产甲烷细菌将脂肪酸等转化为甲烷和 CO_2。所以，沼气的产生是多个生理上不同的微生物群落共同协作的结果。目前，沼气发酵普遍采用半连续投料沼气发酵法。这种发酵法兼顾了生产沼气、制造有机肥和农业生产集中用肥的需要，具有良好的综合性效益。其工艺流程见图9－5。

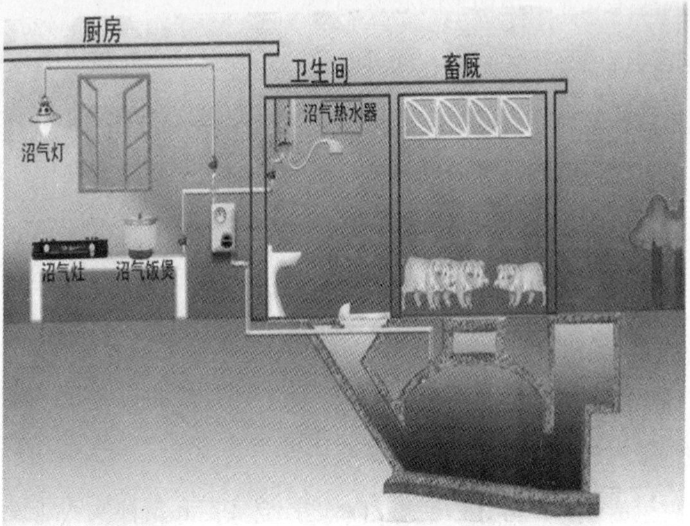

图9－5 沼气生产、使用工艺流程

（2）发展沼气的益处

我国农村沼气建设最初是为了解决农村地区严重的能源短缺问题，而后以燃料改进和优质化能源开发为主要目标，现在又进入“生态家园工程”和“能源环境工程”建设阶段。生态家园建设是将以农户为单位的各项能源技术和庭院高效农业技术优化组合、集成配套，以村庄和农户为建设单位，以能源建设为切入点，以改变农民传统的生产和生活方式为目标，将沼气建设与农户住宅、厨房、厕所、畜舍、庭院环境卫生等结合起来，促进农户生产与生活、农田与庭院的紧密联系和良性循环，以期达到家居温暖清洁化、庭院经济高效化和农业生产无害化。“能源环境工程”是采用沼气技术和秸秆气化技术，将畜禽粪便、农作物秸秆和生活污水等废弃物进行能源转换、无害化处理和资源化利用。

发展沼气具有诸多好处：

实现了无害化农业生产，农产品达到了高产、优质、高效。中国已加入WTO，农产品出口面临国外严格的质量检测。传统的农业生产，由于化肥、剧毒农药施用过量造成了农产品的污染，降低了农产品质量，影响了食品的安全性。据有关部门抽检，山东省内农贸市场蔬菜、稻米、水果不合格率曾经一度达60%，农产品面临污染重、质量差、竞争无力的严峻形势。发展优质、高产、高效、无公害农业是农业结构调整的必然趋势。

实现畜禽粪便的无害化处理，促进养殖业持续发展。经过厌氧发酵，将畜禽粪便中的能量转化为沼气，发酵后的沼渣和沼液作为生产绿色食品、无公害农产品的有机肥源，所产沼气可为农民炊事、畜禽舍的照明和增温使用，既节约了成本，又避免了环境污染，实现良性循环，从而促进养殖业持续发展。

改善生态环境，促进农业可持续发展。建一口沼气池，每年平均产气300～400立方米，可满足3～4口之家常年生活用能，改变了千百年来沿袭的烟熏火燎的炊事方式，提高了农民生活质量，加快了农村小城镇建设步伐，改善了农民精神面貌，促进了农村社会稳定和精神文明建设。

实现农村生活和生产方式的变革，促进社会安定和精神文明建设。通过沼气技术的推广，控制了人畜粪便的污染，改善了农村卫生条件，减少了疾病流行。同时，由于使用沼肥，减少了化肥、农药的施用量，改善了土壤理化性状，提高了土壤肥力，减轻了农业污染，促进了农业生态环境改善，增强了农业发展后劲，保证了农业可持续发展。

9.2.3 生物柴油

英国研究人员4月22日在美国《国家科学院学报》上报告说，他们利用经基因工程改造的大肠杆菌，成功生产出一种生物柴油。大肠杆菌能将植物中的糖转化为脂肪，研究人员利用这一特性通过合成生物学技术来制造生物柴油。他们从能发出生物冷光的发光杆菌等多种细菌中分离出代谢基因，然后利用它们来改造大肠杆菌。经过改造的大肠杆菌能将植物中的糖转化为一种碳氢化合物分子，这种分子在结构和化学性质上与10种零售柴油燃料中的碳氢化合物分子相同。这种柴油与传统柴油几乎一样，市面上的发动机等无需改造就可使用。目前只能在实验室中少量生产。

9.2.4 生物太阳

所谓生物太阳，是一种绿色太阳能电池，由非生物和生物材料复合而成。这两种材料紧密结合在金属氧化物界面上，当该界面被阳光照射时，激活的光合系统-I（PSI）就会产生一个电子，该电子“跳跃”进入氧化锌半导体里面，产生电流。研究人员巧妙地嵌入一个光合作用过程的系统，通过控制蓝绿藻PSI来生产高效廉价的能源。目前该研究处在实验室阶段。

9.3 微生物净化环境

9.3.1 污水的微生物净化

（1）污水生物处理概述

进行污水处理的方法有很多，主要可以分为三大类：物理法、化学法和生物法。与前两种方法相比，生物法效果较好。

好氧生物处理：废水生物处理的实质是好氧微生物代谢污水中的有机物，作为营养物质取得能量生长繁殖的过程，同时通过微生物的作用使污染物转化为对环境无害的物质。微生物对溶解性和悬浮的有机物代谢过程中，在好氧条件下，2/3 被转化为生物量，合成新的细胞物质即合成代谢；其余的 1/3 氧化分解成二氧化碳和水等小分子物质，并产生能量即分解代谢。

厌氧生物处理：厌氧生物处理是在无氧条件下，利用多种厌氧微生物的代谢活动，将有机物转化为无机物和少量细胞物质的过程。最终转化的物质是甲烷、二氧化碳、水及少量硫化氢和氨。

（2）污水生物处理技术

好氧生物处理是废水生物处理中应用最为广泛的一大类方法，目前已是世界各国普遍采用的传统的废水处理工艺。随着污染状况的加剧、科学技术的进步、环境标准的不断严格、革新的废水生物处理技术不断涌现，大大提高了生物处理的效率。

1）氧化塘法。氧化塘是人工强化措施和自然水体自净功能相结合的净化技术。有机物主要由塘中的细菌降解，细菌所需要的氧气主要由藻类及其他光合微生物的光合作用提供，同时部分来自水面上方的空气中。藻类利用细菌分解有机物后的降解产物而生长。塘的深度一般较浅，水体停留时间一般不超过两个月。通常是将数个塘结合起来使用，处理较低浓度的废水。氧化塘处理污水最大特点是所需技术难度低，操作简便、维持运行费用少，但占地面积大，负荷低，工艺缺乏控制性。

2）活性污泥法。广泛应用于城市污水和工业废水处理。这种方法的实质就是在充分曝气供氧条件下，以污水中的有机污染物作为底物，对活性污泥进行连续或间歇培养，并将有机物降解的过程。近年来，由传统的活性污泥处理系统在净化功能和工艺系统方面取得了显著进展，发展较快的有吸附生物降解法、序批式活性污泥法（图 9－6）等。

序批式活性污泥法是一种间歇运行的污水生物处理工艺，是在单一的反应器内，按时间顺序进行各种目的不同的操作，所以序批式活性污泥法的一般流程包括了进水、反应、沉淀、排水和闲置五步工序。

3）生物膜法。膜生物反应器是一种将污水的生物处理和膜过滤技术相结合的高效废水生物处理技术。在这个系统中，生物反应器内添加具有高比面积的载

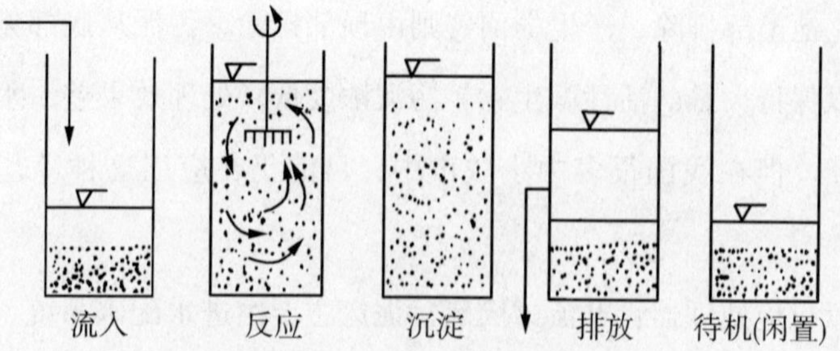

图9－6　序批式活性污泥工艺流程

体供微生物附着生长形成生物膜。生物膜的生物相由细菌、酵母菌、放线菌、霉菌、藻类、原生动物、后生动物以及肉眼可见的其他生物等群落组成，是一个稳定平衡的生态系统，净化污水的主要原理是生物膜上的微生物对污水中有机物的吸附和氧化分解作用，同时微生物自身也繁殖增长。根据介质与污泥的不同接触方式及构筑物结构等不同，生物膜法又有许多种形式，如生物滤池、生物转盘法、接触氧化法、生物流化床等。

生物转盘法处理工艺如图9－7所示。

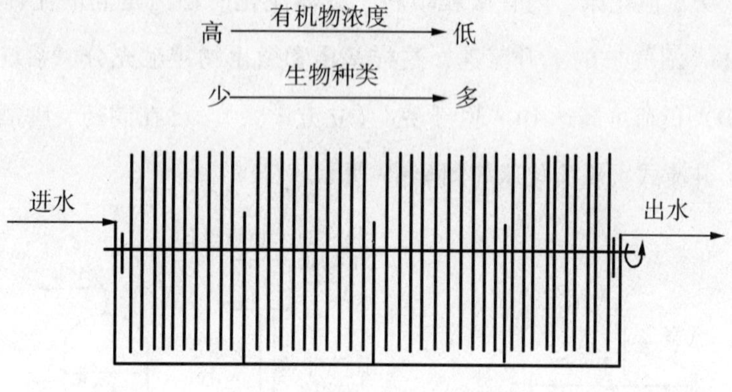

图9－7　生物转盘法示意

生物转盘是生物膜生长在大圆盘上的一种处理装置。一系列生物转盘装配在水平横轴上，间隔很小，缓慢转动。它的一半浸没在废水中，另一半暴露在空气中，通过圆盘的转动吸收空气，使吸附于膜上的有机物被微生物分解，如此往复循环，连续不断地完成吸附、充氧、氧化再生过程，从而达到水质净化。

厌氧生物处理工艺：早期的厌氧反应器是完全混合式的厌氧消化池，已有百余年历史。它结构简单，带有搅拌装置。废水定期或连续地进入消化池，消化后的废水从消化池上部排除，产生的沼气则由顶部排除，污泥从底部排出。缺陷在于消化池难以保持大量的活性微生物，污泥浓度低，处理效果差，水力停留时间长，管理不便。但在我国很多中小城市中，目前仍在应用这种工艺，主要是化粪池。

新型厌氧反应处理器：升流式厌氧污泥床主要由进水配水系统、反应区、三相分离器、气室及排水系统组成，反应区根据污泥情况不同分为悬浮污泥层和污泥床区。污泥床区由沉降性能良好的厌氧颗粒污泥组成，颗粒污泥一般为相对规则的球状或椭圆状，直径多在0.5~5毫米，这是该反应器成功处理污水的关键。悬浮污泥层的形成是由于反应过程中产生的沼气的上升搅动作用形成的。反应器上部设有固、液、气三相分离器，在这里，沼气首先被分离出来，进入气室，由导管排出反应器，脱气后的固液混合液在沉降区进一步进行固、液分离，沉降下来的污泥返回反应区，使反应区内保持高浓度的生物量。升流式厌氧污泥床如图9-8所示。

升流式厌氧流化床，内有微粒填料，载体流化的动力是高的流体（出水回流）和气体（沼气）的上升流速，这样基质和微生物接触充分，系统的化学需氧量（COD）负荷可高达10~30千克/（立方·天）。已在制药、啤酒等废水处理中应用。升流式厌氧流化床如图9-9所示。

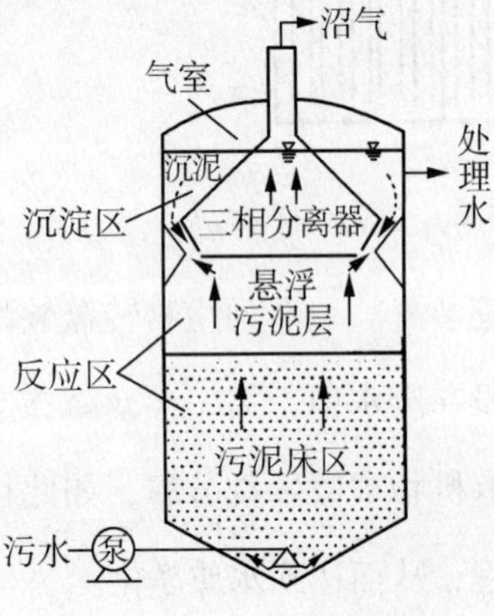

图9-8　升流式厌氧污泥床

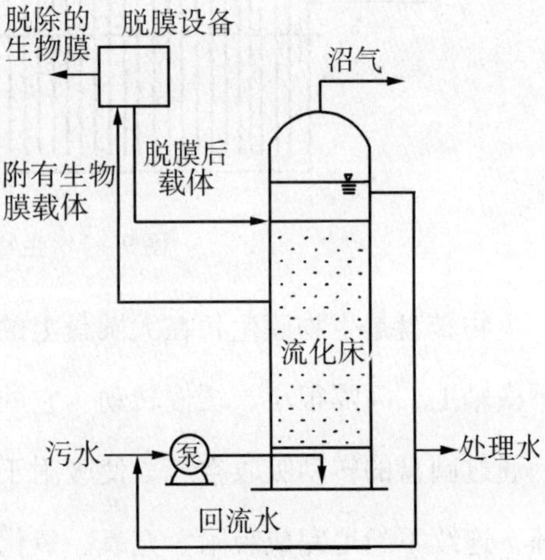

图9-9　升流式厌氧流化床

（3）影响污水处理的因素

外界环境对废水生物处理过程中的微生物的影响的一些共性因素，主要包括温度、pH 值、溶解氧、营养物质和有毒物质等。

温度：温度对微生物的生理活动的影响主要反映在两个方面：一是随着温度在一定范围内升高，细胞中的生物化学反应加快，增殖速率也加快；二是细胞组成物质，如蛋白质、核酸等对温度很敏感，如果温度大幅度升高并超过一定限度，会使微生物组织遭到不可逆破坏。一般废水的生物处理多数在室温下进行，好氧处理多在 15～30℃进行，厌氧处理温度稍高些，多在 20～40℃运行。

pH 值：pH 值对微生物生理活动的影响主要有两方面：影响微生物酶系统的催化功能；改变微生物细胞质的等电点，从而使微生物呼吸作用和代谢功能受到抑制。同时 pH 值也会影响污染物的性质，从而影响降解过程。大多数微生物的适宜 pH 值为 4～9，过高或过低的 pH 值均会抑制微生物的活性。

溶解氧：溶解氧（简写作 DO）是好氧生物处理的重要影响因素。溶解氧不足，微生物代谢活动受影响，净化功能下降，且易于滋生丝状菌，产生污泥膨胀现象。但是若溶解氧过高，有机污染物的分解会加快，从而使微生物缺乏营养，活性污泥老化，且结构松散。

厌氧处理时，溶解氧的存在是有害的，但实际上，由于有机物和污泥在水中浓度较高，任何微量的溶解氧都会自发地被兼性厌氧菌迅速消耗，从而为厌氧处理提供适宜的环境。

营养物质：微生物的生长需要一些营养物质，包括碳、氮、磷、硫、镁等。由于多数厌氧菌不具备合成某些必要的维生素或氨基酸的功能，还需要一些无机盐、微量元素以及有机微量物质（氨基酸、维生素等）。

有毒物质：对微生物有害的有毒物质会影响微生物的生理活动，主要有重金属、氰化物、硫化物、酚类、卤素及其化合物等。

9.3.2　大气净化生物技术

工业化大生产带给环境的另一个负面影响是大气污染。大气污染物主要包括烟尘颗粒物，一氧化碳、二氧化硫、一氧化氮、二氧化氮、甲烷等气态物。其中

PM2.5（细颗粒物），即大气中粒径小于2.5微米的颗粒物，富含大量的有毒、有害物质且在大气中的停留时间长、输送距离远，因而对人体健康和大气环境质量的影响更大。空气中的有害气体易产生“三致”（致癌、致畸、致突变）效应，所以，大气污染治理已经刻不容缓。

（1）生物处理废气的原理

生物处理气态污染物的原理与污水处理是一致的，本质上是对污染物的生物降解与转化，即利用微生物以废气中的有机组分作为其生命活动的能源或其他养分，经代谢降解，转化为简单的无机物及细胞组成物质。但生物降解有害物质的过程难以在气相中进行，所以废气生物净化与废水生物处理的不同在于，气态污染物首先要从气相转移到液相或固相表面的液膜中，然后才能被液相或固相表面的微生物吸附并降解。由于气液相间有机物的浓度差，推动液膜中的有机物进一步扩散到生物膜，进而被微生物捕获、吸收，在此条件下，微生物对有机物进行氧化分解和同化合成，产生的代谢产物一部分溶入液相，一部分作为细胞物质或细胞代谢能源，还有一部分则进入到空气中。废气中的有机物通过上述过程不断减少，从而得到净化。自养菌主要适于进行无机物的转化，如硝化、反硝化和硫酸菌可在无有机碳和氮的条件下靠氨、硝酸盐和硫化氢、硫及铁离子的氧化获得能量，进行生长繁殖。但由于自养菌的新陈代谢活动较慢，其生物负荷不可能很大，它只适于较低浓度无机废气的处理。异养菌是通过对有机物的氧化代谢来获得能量和营养物质的，在适宜的温度、pH值和好氧条件下，它们能较快地完成污染物的降解。因此，这类微生物多用于有机废气的净化处理。目前，适于生物处理的气态污染物主要有乙醇、硫醇、酚、甲酚、脂肪酸、乙醛、酮类、二硫化碳、氨和胺等低沸点、易挥发的有机物。

（2）废气生物处理的工艺

根据微生物在有机废气处理过程中存在的形式，可将处理方法分为生物洗涤法（悬浮态）和生物过滤法（固着态）两类。生物洗涤法处理工艺如图9－10所示。

生物洗涤法装置由一个吸收室和一个再生池构成，生物悬浮液（循环液）自吸收室顶部喷淋而下，使废气中的污染物和氧转入液相（水相），实现质量转

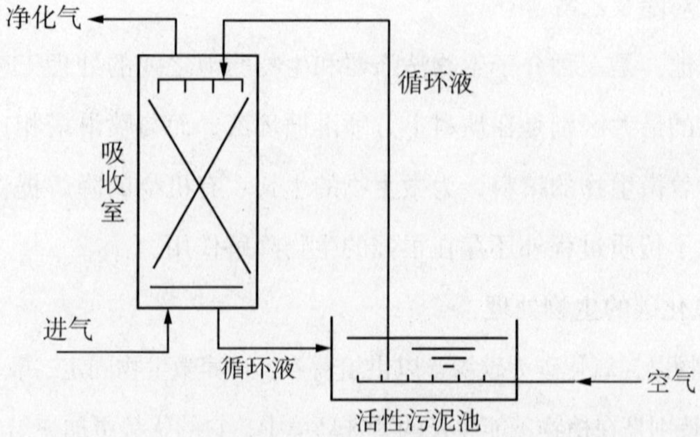

图 9－10 生物洗涤法示意

移。吸收了废气中组分的生物悬浮液流入再生反应器（活性污泥池）中，通入空气充氧再生。被吸收的有机物通过微生物氧化作用，最终被再生池中活性污泥悬液除去。生物洗涤法可用于处理含有乙醇、甲酮、芳香族化合物、树脂等成分的废气，也可用来净化由煅烧装置、铸造工厂和炼油厂排放的含有胺、酚、甲醛和氨气等成分的废气，达到除臭目的。

生物滤池：生物滤池是一种装有生物填料的滤池，工艺流程如图 9－11 所示。

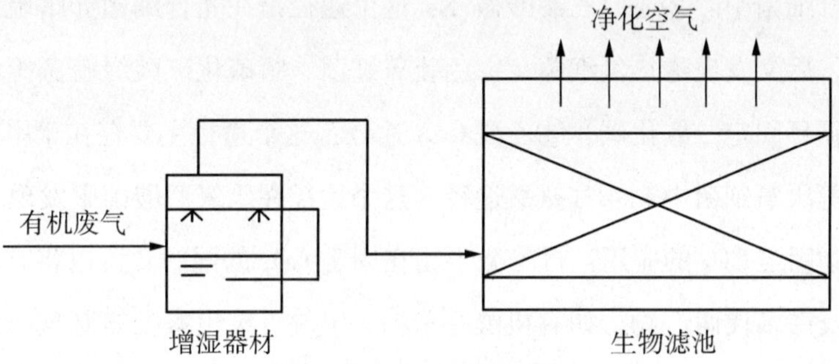

图 9－11 生物滤池

有机废气首先经过预处理，包括去除颗粒物和调温调湿，然后进入生物滤池，通过 0.5～1 米厚的生物活性填料层，有机污染物从气相转移到生物层，完成物理吸收和微生物氧化分解有机物的过程。生物滤池因其较好的通气性和适度的通水和持水性，以及丰富的微生物群落，能有效地去除烷烃类化合物，如丙烷、异丁烷，对酯及乙醇等。

生物滴滤池：是一种介于生物洗涤器和生物滤池之间的处理工艺。生物滴滤池与生物滤池的最大区别是在填料上方喷淋循环液，而与喷淋塔相比，生物滴滤塔内增设了附着微生物的填料，为微生物的生长、有机物的降解提供了条件，因此，设备内除了传质过程外还存在很强的生物降解作用。

（3）二氧化碳的生物处理

自养微生物以二氧化碳为碳源，以供给营养。自养微生物固定二氧化碳的作用是不容忽视的，特别是在植物不能生长的特殊环境中，它的优势更加突出(表9－1)。

表9－1　能固定二氧化碳的微生物种类

碳源	能源	好氧/厌氧	微生物
二氧化碳	光能	好氧	藻类、蓝细菌
		厌氧	光合细菌
	化学能	好氧	氢细菌、硝化细菌、硫化细菌、铁细菌
		厌氧	甲烷菌、醋酸菌

微生物固定 CO_2 的机制：①卡尔文循环：这个途径存在于所有化能自养菌和大部分光合细菌中。②还原三羧酸循环：这个途径是在光合细菌如嗜硫绿硫细菌中发现的，后又发现嗜热氢细菌、绿色硫黄细菌、嗜硫化硫酸绿硫菌等都是以还原三羧酸循环固定二氧化碳。③乙酰 CoA 途径：这个途径主要存在于甲烷菌、厌氧乙酸菌等厌氧细菌中。④甘氨酸途径：这个途径在厌氧乙酸菌中发现。

微生物固定 CO_2 的应用：自养微生物在固定 CO_2 的同时，可以将其转化为菌体细胞以及许多代谢产物，如有机酸、多糖、甲烷、维生素及氨基酸、单细胞蛋白、聚3－羟基丁酸酯等。这些产物可以作为工业原料，也可以作为健康食品及医药制品而获得很好的经济效应。微生物研究所近期发现极端嗜盐古菌可固定二氧化碳进行生物可降解塑料合成，为生物可降解塑料的代谢工程优化提供了新的策略。

9.3.3　固体垃圾的处理

固体垃圾包括生活和生产过程产生的残渣。随着经济高速的发展，城市化进程的不断加快和人口增长，城市固体垃圾的产生量急剧增加，如果对这些固体残渣不加以处理的话，它们对环境会造成恶劣的影响，成为严重的环境问题。目前，废物无害化处理工程已发展成为一门崭新的工程技术，而生物技术的进步使其在固体废弃物无害化处理领域内的应用日渐广泛，从传统的堆肥技术到各种先进厌氧发酵技术、生物能源回收技术等，特别是对于城市生活垃圾、污水处理厂污泥及农业加工残余这些有机物含量较高的固体垃圾，利用微生物的作用，可有效处理，并能回收资源和能源。

固体垃圾的生物处理方法有堆肥和填埋等。

（1）堆肥法

堆肥是在控制条件下，人为促进有机废物向稳定的腐殖质转化的生物过程。堆肥含腐殖质量很高，是具多种功效的廉价、优质土壤改良肥料。废物经过堆肥化，体积一般可减少30%～50%，是实现城市垃圾资源化、减量化的一条重要途径。

好氧堆肥法：好氧堆肥的原理是以好氧菌为主对废物进行氧化、吸收与分解，转变为有利于作物吸收生长的有机物。好氧堆肥的基本生物化学反应过程与污水生物处理相似，但与污水处理不同的是，堆肥只进行到腐熟阶段，并不需要有机物的彻底氧化。

厌氧堆肥法：厌氧堆肥法是指在不通气的条件下，使物料厌氧发酵，堆制温度低，堆制周期长，一般3～10个月，成品肥中氮素保留较多。饲养场的粪肥常用此法。现代化的堆肥是在厌氧反应器中进行的。该技术在城市下水道污泥、农业固体废弃物和粪便处理中得到广泛应用，如我国大力推广的沼气工程对改善农村生态环境和保持环境卫生有重要作用。

（2）填埋技术

填埋技术就是将固体垃圾存积在大坑和低洼地，加以压实，覆盖土壤，并通过科学管理来恢复地貌和维护生态平衡的工艺。填埋场实际上是一个大型生物反应器。填埋法处理垃圾量大、简便易行、投入少，是自古以来人类处理生活垃圾的一种主要方法，在一些土地辽阔的国家或城市，垃圾被普遍采用填埋处理。此方法主要针对那些短期内难以降解的垃圾。

填埋场中微生物代谢：随着垃圾填埋，大量的空气也被埋入其中，因此开始时垃圾有机物主要是好氧分解，如对纤维素、半纤维素、葡聚糖和果聚糖及脂肪类有机物的分解。好氧分解将填埋层中氧耗尽以后进入厌氧分解。微生物利用硝酸盐和硫酸盐，产生硫化氢、氮气和二氧化碳，主要的微生物是硫酸盐还原菌和反硝化菌。此后，甲烷产量逐渐增加，一般甲烷气体在数月后开始产生，并渐渐达到高峰产出期，几年后，产量逐渐下降。

（3）变废为宝——“吃”城市垃圾，“吐”生活能源

我国部分城市已经采用有机废弃物联合厌氧发酵工艺建立垃圾处理厂，对城市垃圾进行了综合处理。这些垃圾包括：污泥、粪便、餐厨垃圾、生活垃圾。生产线将污泥与污水系统收集，进行厌氧消化，获得源源不断的厌氧微生物，污水的酸碱性缓冲能力有效地平衡了厌氧发酵体系。对于化粪池粪便，该工艺将其固液分离后和有机垃圾、剩余污泥进行联合厌氧发酵生产沼气和发电，剩余的沼渣用于制肥。餐厨垃圾作为城市日常生活中产生的最为普遍的废物，其成分主要是淀粉类食物、植物纤维、动物蛋白和脂肪类等有机物，特点是含水率高，油脂、盐分含量高，易腐烂，不利于普通垃圾车运输，通过该工艺发酵后可用来提高沼气产量。一条生产线日处理能力可达到400吨城市生活垃圾，200吨粪便，60吨餐厨垃圾和30吨污泥。日产颗粒有机肥8吨，液态肥160吨，沼气6 000立方米。同时，每天可回收塑料22吨、纸浆3吨、玻璃2吨、金属0.5吨。

9.3.4 生物修复技术

人类广泛的工农业生产活动常常导致土壤和地下水的污染。自然条件下，土壤和水体中存在着丰富的微生物种群，具有分解污染物质、净化环境的能力，这种净化过程实际上就是生物修复。随着污染问题的日益突出及人们对环境质量要求的不断提高，自然的自发生物修复已不能很好地解决污染问题，特别是对于较大面积的污染，使人们对生物修复技术给予了很多关注。

（1）生物修复的基本原理

生物修复是利用生物，特别是微生物催化降解有机污染物，从而修复被污染环境或消除污染的一种受控或自发进行的过程。其目的是去除环境中的污染物，

使其浓度降至环境标准规定的安全浓度下。自然的生物修复过程一般较慢，难于实际应用，生物修复技术则是工程化，在人为促进条件下的生物修复，所以，生物修复的基本原理就是调节最适的环境条件使微生物的降解作用迅速完全进行。目前，生物修复技术主要用于土壤、水体（包括地下水）、海滩的污染治理以及固体废弃物的处理。能够用各类生物修复技术分解的污染物主要是石油烃及各种有毒有害、难降解的有机污染物。

（2）生物修复的主要方法

①接种微生物：目的是增加降解微生物数量，提高降解能力。②添加营养物：除了污染物作为碳、氮源外，微生物的生长繁殖和降解活动还需要其他营养物质。为了提高降解速度，需要添加缺少的营养物。③提供电子受体：它们的种类和浓度对生物降解的速度和程度影响很大。生物氧化还原反应中有许多最终电子受体。④提供共代谢底物：有些难降解有机污染物需要微生物的共代谢才能彻底降解，提供微生物的生长底物有利于共代谢的进行。⑤添加表面活性剂：利用表面活性剂可提高污染物的溶解度，促进污染物质与微生物的充分接触。

（3）生物修复技术实例

水污染生物修复技术：当前地下水的污染已相当严重，造成地下水污染的原因主要有：污水入渗，污水灌溉；垃圾渗滤液的入渗严重污染地下水；石油产品的生产、运输、储存等环节和污染物的事故性排放，大面积污染地下水。

水污染修复技术处理主要有地下原位修复处理（图 9－12）和生物反应器修复处理。

地下水的原位生物修复方法是向含水层内通入氧气及营养物质，依靠土著微生物的作用分解污染物质。由于地下水中溶解氧不足、营养成分缺乏，致使微生物生长缓慢，因此需要向水中补充各种营养物质，其中最重要的就是提供氧或其他电子受体，此外必要时可添加营养元素，来强化地下水中微生物对有机物的降解过程。

生物反应器可以是移动式的，可移到现场修复抽至地面的污染地下水或洗涤污染土壤的冲洗水，是一种异位修复与原位修复相结合的工艺。它是将地下水从地下水层中抽提到地面上，然后在地面上用生物反应器对有机物进行好氧降解，处理后

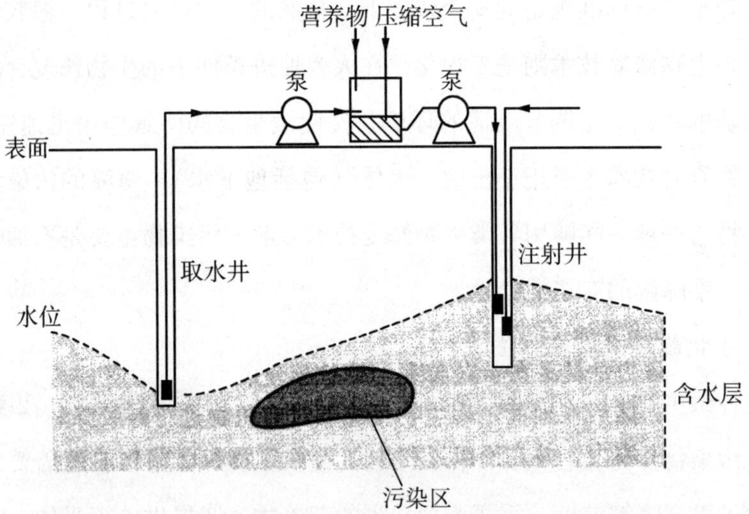

图 9－12 地下水原位修复示意

的地下水通过渗灌系统回灌到土壤内，并在回灌过程中加入营养物和已驯化的微生物，且注入氧气，使生物降解过程在土壤及地下水层内亦得到加速进行的过程。

土壤污染的生物修复技术：土壤污染除重金属污染外，更多的是来自有毒有机废物的污染，主要有农业化肥和农药的过量使用、工业废水的农田排放、石油及其产品垃圾渗滤水、固体废弃物等。被污染的土壤通过对地表水和地下水形成二次污染和经土壤－植物系统由食物链进入人体，直接危及人体健康。

土壤污染的主要处理方式有焚烧法、物理及化学处理和生物处理。在污染土壤的各种处理方法中，生物修复技术最有效、可行、可靠，并且被发达国家普遍采用并证实，具有广阔的应用前景。

土壤异位生物处理制备床反应器处理示意如图 9－13 所示。

制备床反应器包括供水及营养物喷淋系统、土壤底部的防渗衬层、渗滤液收集系统及供气系统等，处理对象主要是多环芳烃、BTEX（苯、甲苯、乙基苯、二甲苯）或多环芳烃与 BTEX 的混合物。使用衬层及渗滤液收集系统的目的是防止污染母体化合物或代谢中间产物被渗流水带入地下，污染地下水。渗滤液送到附近其他生物反应器内进一步处理。水和营养物由置于反应床上端的喷头供给。

1989 年某油轮在阿拉斯加威廉王子海湾发生溢油事故，溢油量达 4 200 万升，污染海岸线长达 500～600 千米，为了消除污染，该公司采用原位生物修复

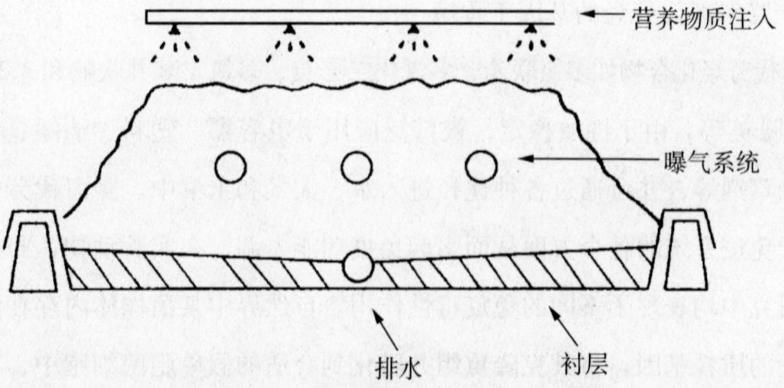

图 9－13　制备床反应器处理示意

降解措施，通过投放营养物（氮源、磷源物质）加速海滩上自然存在的微生物对污染石油的降解。处理结果是：同未施加营养物的地段比较，喷施营养物的地段，石油污染程度明显减轻，并且未向周围地段及海水中扩散。这项生物修复工程花费大约 300 万美元，是有史以来进行的最大的野外生物修复。

9.3.5　基因工程与污染治理

传统的生物治理方法是将自然生长的微生物群体加以驯化、繁殖后利用。现代生物治理，人们运用诱变及基因工程技术筛选、构建高效菌株，去除某一种或某一类有毒有害、难降解的有机物，以提高体系的处理效率。在某些条件下，微生物所包含质粒能赋予宿主细胞以特殊的功能，从而使宿主得到生长优势，如抗药性质粒和降解性质粒就能使宿主细胞在有相应药物或化学毒物的环境中生存。所以构建基因工程菌的一个重要方面是质粒育种，把具有特殊功能的目的基因导入载体质粒，形成重组体，再通过某种分子生物学手段转进微生物体内，然后筛选出含多种降解质粒的“超级微生物”。

构建工程菌一般过程如图 9－14 所示。

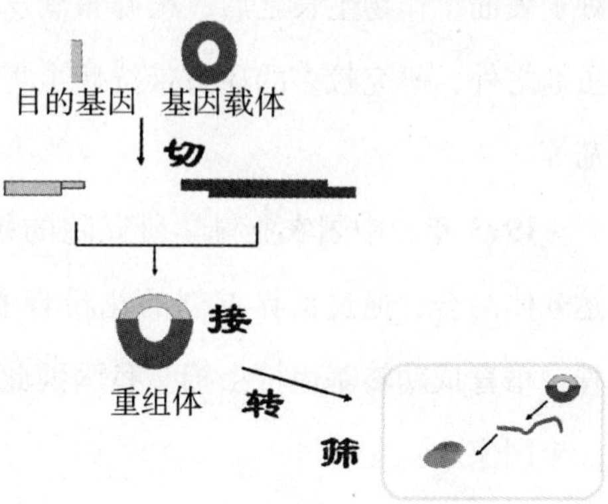

图 9－14　构建工程菌过程

（1）降解卤代芳烃的基因工程菌

多卤代芳烃化合物如多氯联苯、多氯化二噁英、多氯二苯并呋喃和2,3,7,8－四氯苯并二噁英等，由于性质稳定，被广泛应用于电容器、塑料、油漆、油墨、无碳纸、除草剂等，并可通过各种途径进入水、大气和土壤中。多卤代芳烃化合物可作用于免疫系统的各个方面从而引起免疫功能失调，在实验动物、野生动物及人类的研究中均表现了不同的免疫毒性作用。自然界中某菌株体内存在降解氯代苯邻二酚的质粒基因，将其克隆重组并转化到合适的假单胞菌细胞中，构建的工程菌能分解去除环境中的氯代邻苯二酚。该质粒基因也可用于构建降解氯代－O－硝基苯酚的工程菌。

（2）降解除草剂的基因工程菌

除草剂是指可使杂草彻底地或选择地发生枯死的药剂，除草剂往往对人体及其他生物产生严重危害。科学家从细菌质粒中分离得到一种能降解2,4－D除草剂的基因片断，将其组建到载体上并转化到另一种繁殖快的菌体细胞内，构建出具有高效降解2,4－D除草剂的功能的基因工程菌，大大减少2,4－D除草剂在环境中的危害，减少了食品中2,4－D的残留量。

（3）防治杀虫剂的基因工程菌

人工合成的化学杀虫剂虽然有效但污染环境，对人类和其他动物都会产生严重的危害。美国科学家们将苏云金杆菌中能杀死鳞翅目害虫的毒性蛋白基因转移到大肠杆菌和枯草杆菌中，制成一种微生物杀虫剂。把这种杀虫剂微生物包附在种子表面，作物生长之后，根部布满这种微生物，使植物免受虫害。除微生物杀虫剂之外，研究较多的还有带抗病虫害基因的转基因植物。如抗虫棉花、抗虫番茄等。

1993年，中国农业科学研究院的科研人员将人工合成的杀虫基因和高效表达载体结合，通过世界首创的花粉管通道法转基因技术将杀虫基因导入棉花植株，培育成功转基因抗虫棉。我国因此成为拥有自主知识产权转基因抗虫棉的第二个国家。

（4）降解石油功能菌

自然环境中，能够降解石油烃类化合物的微生物种类很多，在海洋中细菌占优势，而真菌则是淡水和陆地生态系统中重要的因子。但这些土著微生物浓度较低，分解石油的速度较慢。

生物学家应用接合手段，把标记有能降解芳烃、萜烃、多环芳烃的质粒转移到能降解脂肪烃的假单胞菌体内，可以获得同时降解四种烃类的功能菌。这种功能菌降解石油的速度奇快，几小时内就能吃掉浮油中 2/3 的烃类；而用天然细菌则需一年多才能消除这些污油烃。

9.4 环境污染监测与评价的生物技术

传统的环境监测和评价技术侧重于理化分析和试验动物的观察，取样繁杂，检测复杂，周期长，结果不太准确。随着现代生物技术的发展，新的快速准确监测与评价环境的有效方法相继建立和发展起来，主要包括：利用新的指示生物、利用核酸探针和 PCR 技术、利用生物传感器及其他方法等监测评价环境。这些新技术能对环境状况做出快捷、准确和全面的评价，使之逐渐发展成为环境监测评价的重要手段。

（1）环境污染的生物监测与评价

环境污染生物监测有不同的分类，按监测对象不同，可以分为四类，即：大气污染的生物监测、水污染的生物监测（表 9－2）、土壤污染的生物监测、水污染控制工程的生物监测等。

表 9－2 河流污染程度与细菌总数对照

污染程度	细菌总数	污染程度	细菌总数
重污染河段	$>10^6$	轻污染河段	$<10^5$
中污染河段	$<10^6$	未污染河段	$<10^2$

（2）核酸探针在环境监测中的应用

核酸杂交指检测基因片段在适合的条件下能和环境中与之互补的另一片段结合。核酸杂交的关键是获取具有放射性标记或放射性类似物标记的核酸探针，有了探针就可监测环境中有无对应的片断存在，检测环境样品中是否含某种微生物，如水体中的致病菌大肠杆菌、志贺菌、沙门菌和耶尔森菌等，也可用于病毒微生物的检测，如乙肝病毒、艾滋病病毒等。

（3）PCR 技术在环境监测中的应用

聚合酶链式反应（PCR）是一种分子生物学技术，用于放大特定的 DNA 片段。可看作生物体外的特殊基因片段复制。理论上，只要样本有一个病原体存在，通过 PCR 就可以检测到。利用 PCR 技术可直接用于土壤、废物和污水等环境标本中的微量细胞或生物进行检测，包括那些不能进行人工培养的微生物的检测。PCR 的检测技术是禽流感诊断中最常用的方法。

例如，利用 PCR 技术检测污水中大肠杆菌类细菌的基本过程为：抽提水样中的基因片段，然后 PCR 扩增大肠杆菌的 *Lac Z* 和 *Lam B* 基因片段；最后分别用已知标记过的 *Lac Z* 和 *Lam B* 基因探针进行检测。该法灵敏度极高，100 毫升水样中只要有一个指示菌即能测出，且检测时间短，几小时内即可完成。

（4）生物传感器在环境监测中的应用

生物传感器是一种将生物感应元件的专一性与一个能够产生与待测物浓度成比例的信号传导器结合起来的分析装置。产生信号的来源包括：pH 值的变化，一些气体如氨和氧气的排放或吸收，光的释放、吸收或反射，热的释放，生物质的改变等。生物传感器是一种由生物学、医学、电化学、光学、热学及电子技术等多学科相互渗透而成长起来的分析检测装置，具有选择性高、分析速度快、操作简单、价格低廉等特点，而且又能进行连续测定、在线分析，甚至活体分析，它在环境保护领域里有着广阔的应用前景。

生物传感器由敏感元件即生物活性物质和换能器组成。它的工作原理为：待测物质经扩散作用进入固定化生物敏感膜层，经分子识别，发生生物化学反应，产生的信息继而被相应的化学或物理换能器转化为可定量和可处理的电信号，再经仪表的放大和输出，显示出待测物的浓度。生物传感器的基本原理如图 9－15 所示。

生物传感器在环境监测中的应用：①BOD 微生物传感器：生化需氧量（BOD）是目前最常用、最重要的水质有机污染评价指标。其值越高说明水中有机污染物质越多，污染也就越严重。传统的 BOD 测定方法烦杂，出来结果需要 5 天，不能及时反映水质情况和反馈信息。而生物传感器可在 10～15 分钟检测出

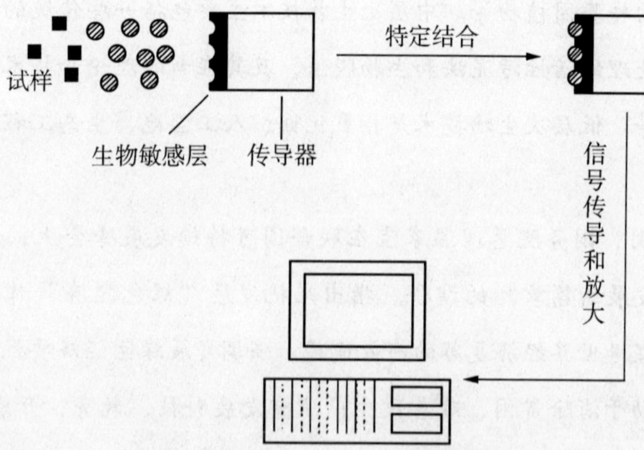

图 9－15　生物传感器基本原理示意

BOD 的含量，基本实现水质状况在线监测。②酚类微生物传感器：炼油、煤气洗涤、炼焦、造纸、合成氨、木材防腐和化工等废水中常含有酚类化合物，酚类化合物可经皮肤黏膜、呼吸道及消化道进入体内。低浓度可引起蓄积性慢性中毒，高浓度可引起急性中毒以致昏迷死亡。该传感器能检测复杂的环境样品，准确度高，检测限可低于 10^{-6}克/升水平。③检测有毒有害物质的生物传感器，如对除草剂、杀虫剂、重金属等的检测。④亚硫酸盐传感器。⑤检测细菌数量传感器：利用微生物接触电极时产生生物电流的工作原理，研制出可测定水中细菌总数的生物传感器。

由于人口的快速增长，自然资源的大量消耗，全球环境状况目前正在急剧恶化：水资源短缺、土壤荒漠化、有毒化学品污染、臭氧层破坏、酸雨肆虐、物种灭绝、森林减少等，这些问题已经极大威胁了人类的生存和发展，迫使人类必须进行新能源开发利用并且开展环境保护。

现代环境生物技术是现代生物技术应用于能源开发和环境污染防治的一门新兴边缘学科，以高新技术为主体，加上对传统生物技术的强化与创新，是一门应用性很强的学科。根据技术难度和理论基础的深度，将环境生物技术分为高、中、低三个层次。高层次生物技术是指以基因工程为主导的近代污染防治技术，例如应用基因工程构建高效降解杀虫剂和除草剂等基因工程菌，创建抗虫或抗逆或具有高品质的转基因植物等。中层次生物技术主要包括一些传统的污染治理方法，例如污水处理的活性污泥法和生物膜法，及其在新的理论和技术背景下强化的技术与工艺等。低层次生物技术是指氧化塘、人工湿地、生态工程以及厌氧发酵等处理技术。

2012年6月，国务院总理温家宝在联合国可持续发展峰会上，做《共同谱写人类可持续发展新篇章》的演讲。指出应把发展“绿色经济”作为各国推动可持续发展、促进世界经济复苏的有效途径。强调发展绿色经济要注重创造更多就业机会，有助于消除贫困、改善民生；注重发展科技、教育，开发绿色技术。作为一个新的增长引擎，生物能源对正处于资源、环境和发展“两难”困境中的中国以及其他发展中国家而言，是一个难得的发展机遇，应当让它真正成为走向生态文明的助推剂。

10　人类基因组计划及后基因组研究

长期以来人类都遭受着各种遗传性疾病的困扰，我们常见的色盲、青光眼、高血压、老年痴呆症等都是遗传性疾病。所谓遗传性疾病，就是遗传物质（基因）出了问题，它不仅影响患者本身，而且还可以遗传给后代，危害极大。目前对遗传性疾病的治疗还仅仅停留在通过药物补偿或缓解患者症状的阶段，对其遗传性还没有成功治愈的例子。那么如何才能彻底根治遗传性疾病呢？首先要搞清楚到底是哪个基因出了问题。人类的基因有 10 万个以上，任何一个基因出问题都会引起遗传性疾病；迄今为止已知的人类遗传性疾病约有 6 000 种，要一一搞清楚非一日之功可以完成。于是在诺贝尔奖获得者、美国著名生物学家沃森等几个科学家的倡导建议下，人类基因组计划终于在 1990 年启动了。

10.1　人类基因组计划

20 世纪上半叶，遗传学家提出了“基因”的概念，从而人类知道了基因是决定生物性状的遗传物质基础。50 年代 DNA 双螺旋结构模型的创立，进一步从本质上证实基因是决定人类生、长、老、病、死及一切生命现象的物质基础。70 年代，DNA 重组技术（基因工程）最终获得成功并付之应用，分离、克隆基因变为现实。不少遗传病的致病基因和其他一些疾病的相关基因及病毒致病基因陆续被确定。所有这一切使人们似乎看到了攻克顽症的曙光，研究基因的热情空前高涨，成绩斐然。

但是把一种疾病与一个或几个基因相对应起来研究的线性思维模式，并不能真实地阐明疾病发生发展的基因机制。其主要原因是：首先，人类基因组所蕴含的约 10 万个基因迄今仅有大约 1/10 被克隆和确定，与复杂疾病相关的基因可能只知道一部分，按照线性思维模式去研究基因，永远是小作坊式和零敲碎打式的状态，不可能从“整体”上搞清楚疾病的基因机制；其次，与疾病相关的基因是通过其相互作用（时空网络作用）参与疾病发生和发展过程的，零敲碎打式研究不可能全面了解基因的网络作用。因此，诺贝尔奖获得者杜伯克首先提出应当从观念上改变零敲碎打模式，提倡“整体式”研究模式——基因组研究模式。他指出，只有先把人类基因组搞清楚，一切问题才有可能迎刃而解。1986 年，杜伯克在《科学》杂志上发表短文《癌症研究的转折点：人类基因组测序》。人类基因组计划便应运而生了。美国国会遂于 1990 年 10 月 1 日批准正式启动人类基因组计划，为期 15 年，政府投资 30 亿美元。

人类基因组计划的目的是解码生命、了解生命的起源、了解生命体生长发育的规律、认识种属之间和个体之间存在差异的起因、认识疾病产生的机制以及长寿与衰老等生命现象、为疾病的诊治提供科学依据。

10.2 人类基因组计划大事年表

科学家们于 2003 年 4 月 14 日宣布提前完成人类基因组序列图的绘制工作，以下为 1990 年人类基因组计划启动以来的大事回顾：

1990 年，人类基因组计划在美国正式启动。

1991 年，美国建立第一批基因组研究中心。

1993 年，桑格研究中心在英国剑桥附近成立。

1997 年，法国国家基因组测序中心成立。

1998 年，中国在北京和上海设立国家基因组中心。

1999 年，中国获准加入人类基因组计划，承担 1% 的测序任务，成为参与这一计划的唯一发展中国家。

2000 年 6 月 26 日，中、美、日、德、法、英等六国科学家宣布首次绘成人类基因组“工作框架图”。

2001 年 2 月 12 日，六国科学家联合在学术期刊上发表人类基因组“工作框架图”及初步分析结果。

2001年8月26日，人类基因组“中国卷”的绘制工作宣告完成。

2003年4月14日，中、美、日、德、法、英等六国科学家宣布人类基因组序列图绘制成功，人类基因组计划的所有目标全部实现。已完成的序列图覆盖人类基因组所含基因区域的99%，精确率达到99.99%，这一进度比原计划提前了两年多。

2008年，中、美、英等国科研机构发起并主导的大型国际科研合作项目“国际千人基因组计划”启动，旨在绘制迄今为止最详尽的、最有医学应用价值的人类基因组遗传多态性图谱。

2009年，我国科研人员在人类基因组研究中获得新的重大进展，发现人类基因组中存在着种群特异甚至个体独有的DNA序列和功能基因，并首次提出了“人类泛基因组”的概念。

2010年6月21日，“国际千人基因组计划”第一阶段已圆满完成，全部数据已存储于千人计划所设立的公共数据库，公众可免费获取和浏览第一阶段产生的全部数据。

2010年10月28日，“千人基因组计划”终于取得了重要成果。参与该计划的科学家在国际权威科学杂志上发布了迄今最详尽的人类基因多态性图谱，并报告了在基因研究技术手段上的收获。它标志着人类大规模基因组测序已成为可能，效率远高于“人类基因组计划”，人类基因组研究向前迈进重要一步。

2012年9月5日，国际科学界宣布，“DNA元素百科全书”计划（简称ENCODE）获得了迄今最详细的人类基因组分析数据，其成果非常复杂。

10.3 人类基因组计划研究的主要内容

人类基因组计划的主要任务是人类DNA的测序。人类基因组是指人类所有基因的总和，由23对染色体组成，其中包括22对常染色体和1对性染色体（性染色体X与性染色体Y）。DNA是人类基因的物质基础，DNA由脱氧核糖、磷酸及腺嘌呤（A）、鸟嘌呤（G）、胞嘧啶（C）和胸腺嘧啶（T）四种碱基构成。

碱基以碱基对的形式存在，A = T 与 G = C。人类基因组约含有 30 亿个 DNA 碱基对，以 A、T、G 和 C 四种碱基排列成碱基序列，碱基对的排列在 DNA 中也只能是 A 与 T 配对，G 与 C 配对。如果我们把这四种碱基比喻成四个字母，那么 DNA 就是有着四个字母构成的单词，一系列的 DNA 单词组成一个故事，这就是我们通常所说的“基因”，数千个基因故事组成个章节——一对染色体，23 对染色体组成了完整的人类基因组（图 10 - 1）。人类基因组计划就是要按顺序读出这 30 亿个碱基“字母”。测出人类基因组 DNA 的 30 亿个碱基对的序列，发现所有人类基因，找出它们在染色体上的位置，破译人类全部遗传信息。

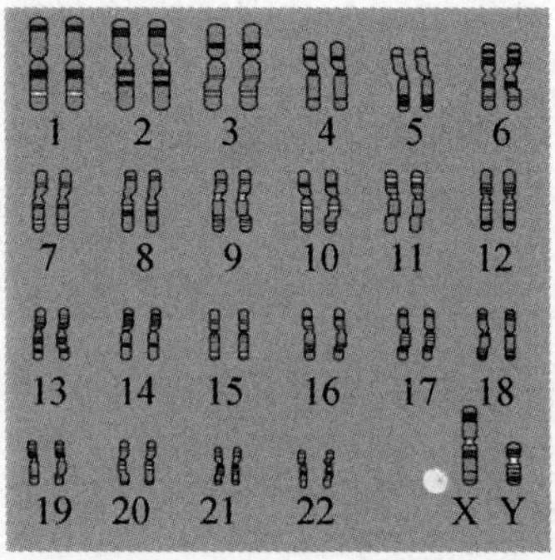

图 10 - 1　人类染色体组

为什么选择人类的基因组进行研究？人类是在进化历程中最高级的生物，对人类基因的研究有助于认识自身、掌握生老病死规律、疾病的诊断和治疗、了解生命的起源。人不仅仅具有自然属性，还具有社会属性，人类基因组计划会对人类社会带来深刻的影响，会产生一系列人文与伦理方面的问题。

10.4　人类基因组计划的重要意义

人类基因组计划的基本想法就是联合全世界的人力和物力，用 15 年的时间完成人类所有基因的解密工作，即——了解人类的所有基因。旨在阐明人类基因组 30 亿个碱基对的序列，发现所有人类基因并搞清其在染色体上的位置，破译人类全部的遗传信息，使人类第一次在分子水平上全面地认识自我。此项宏伟计划在早期受到了很大的争议，后来由于有十几个国家的政府和许多大的私人公司参与，项目进展顺利迅速。庞大的人类基因组计划完成以后，将为人类了解自身，研究生命的本质，诊断和治疗遗传疾病打下坚实的基础。人类基因组计划是人类第一次全面地、系统地解读和研究人类遗传物质 DNA 的全球性合作计划。人类基因组计划与曼哈顿原子弹计划、阿波罗登月计划一起被称为 20 世纪三大科学工程。从重大的科学意义、经济效益和社会效益方面来看，人类基因组计划无疑是这三者中最突出的，其意义远远大于人类登上月球和原子弹爆炸。

人类基因组计划对生命科学的研究和生物产业的发展具有非常重要的意义，它为人类社会带来的巨大影响是不可估量的。人类基因组计划的成果不仅可以揭示人类生命活动的奥秘，还有助于人类认识多种遗传性疾病、癌症及严重危害人类健康的多基因易感性疾病等疾病的致病机制，为分子诊断、基因治疗等新方法提供理论基础。在不远的将来，根据每个人 DNA 序列的差异，可了解不同个体对疾病的抵抗力，依照每个人的“基因特点”对症下药，这便是 21 世纪的医学——个体化医学。更重要的是，通过基因治疗，不但可预防当事人日后发生疾病，还可预防其后代发生同样的疾病。从某种程度上讲，日新月异的生物医学研究可能是人类基因组计划的最大受益者。

在医学实践中，疾病发生早期的准确诊断，对疾病的治疗具有重要的意义。但人体的各种器官和组织常受到各种特殊疾病的侵袭，如一些比较特殊的遗传性疾病，这些疾病与人类健康关系重大，有时候通过常规医疗手段无法进行诊断和治疗。通过认识这些疾病的基因序列及确定其 DNA 序列发生的变化，为这类疾病的诊断和治疗提供了可能。比如，杜兴肌营养不良、慢性肉芽肿、视网膜母细胞瘤、亨廷顿舞蹈症和家族性老年痴呆症等基因的诊断就是依赖于人类基因组计划的实施。人类对基因组的了解会推动对遗传性疾病的诊断和预防。随着分离到的疾病基因的增多，以 DNA 为基础的诊断会更为普遍。医生和遗传学家可以通过基因检测，识别出带有遗传疾病的胚胎细胞。

在不久的将来，胎儿期的检测也许能够预测一般的常见病，如肥胖症、抑郁症和心脏病等。应用遗传座位专一性的分子探针，可检测出疾病基因的携带者，将使父母了解其子女出现遗传缺陷危险程度，并可能避免具有遗传缺陷婴儿的出生，从而为社会和家庭减少无谓的负担。

癌症的高死亡率严重地威胁着人类生命，癌症是由于细胞生长失控造成的，细胞分裂的失控是因为特定基因的异常造成的。遗传的缺陷通常会使人体对特定的癌症具有高的易感性。寻找与癌症相关的基因的研究是当前医学研究的热点之一。人类基因组计划将会大大地促进这方面的研究。一旦确定了易感基因，就可以进行癌前或早期癌症的特殊监护和治疗。

新药的研究既是高投入、高风险，又是高回报的高科技产业，已经成为21世纪的支柱产业和重要的经济增长点之一。药物开发主要存在两个瓶颈：一个是疾病相关的靶标大分子的确定及验证；另外一个是具有生物活性的小分子药物的设计和发现。而今人类基因组计划和蛋白质组计划的突飞猛进，为生物医药研究提供了极为有用的信息。利用生物信息学的理论知识可以进行药物的模拟和设计，大大改变了药物开发的思路，降低了药物开发的时间和经费。

由于生命世界具有统一性，生命物质具有一致性，生物进化具有连续性，基因组研究所采用的策略与技术具有通用性，因此，人类基因组计划的顺利完成必将为揭开生命最终奥秘奠定坚实的基础，并对生命科学的研究与生物产业的发展产生重要的导向性作用。在人类基因组计划进行的背景下，水稻、拟南芥、小鼠等多种生物的基因组研究也相继展开。据预测，在未来10～20年里，科学家还将解读大量生物的遗传密码，与此同时，基因组研究重点将进入确定基因结构与功能等应用研究阶段，其研究具有规模化、世界化、程序化、自动化等特点，成为一种大科学，生命科学因此将迎来新的大发展。

10.5 基因资源的保护

人体基因资源是指含有人体基因组、基因及其产物的器官、组织、细胞血液、制备物、重组脱氧核糖核酸构建体等遗传材料及相关的信息资料。存在于基因组中的遗传序列是珍贵的生物信息资源，是人类最珍贵的财产，也是人类最后的遗产。它是未来生物产业的支柱，利用人类基因可以更好地对疾病进行预测和诊治，垄断人类基因组信息必然会带来丰厚的商业利润。早在人类基因组计划尚未最后完成的时候，美国、日本和欧洲发达国家的有关企业就迫不及待地把其研究开发重点转向解析及开发基因药物方面，它们为此展开了激烈的基因资源争夺大战。

我国历史悠久，人口众多，且拥有56个民族，由于工业化程度较低，人口迁徙率不高，城乡差别显著（图10－2）。特别是在一些边远山区，由于交通不便和近亲联姻，家族隔离群很多，因此家系保存得十分完好，能准确地提供研究健康与疾病、都市与乡村天然人类基因迁移谱系的最佳模型，可为人类遗传基因特别是一些重要价值的基因研究提供良好的研究材料。某些地区人们的身体素质较好，寿命普遍较长，通过研究可以比较容易地找出与健康长寿有关的基因。而在一些偏远地区近距离高婚配，从而使有的疾病在某些地区发病率较高。通过对这些特定人群的基因分析可以比较容易筛选出与这种疾病有关的基因，从而找到治疗该种疾病的方法。

图 10－2　少数民族的日常生活

从西方国家来看，由于其工业文明发展较早，因而人口迁徙流动性强，基因家族谱系不完整，所以较难有针对性地开展基因筛选工作，而对不特定的人群开展基因筛选工作，耗时长、投入多、成本高，达到预定目标的可能性也比较小。因而，我国的人体基因资源早已成为西方科技大国垂涎三尺的猎物。

中国科学院院士谢联辉曾经说过这样一段话：中国是世界上人类遗传基因资源最丰富的国家之一，而很多国外的研究机构打着合作的名义，从中国盗取基因资源，进行医疗等方面的研究，同时利用“谁先发现基因密码，谁就拥有专利权”的条款进行抢注，中国在这方面已经“吃亏大了”。

目前，中国的人体基因资源流失相当严重。20 世纪 90 年代初期，美国在北京、河北等地获取了中国百岁以上老人的血样带回美国进行研究。1995 年，美国一个机构在中国北京、成都和杭州三个城市一共采集了 300 个老人的血样，然后送到美国。美国某机构大为惊喜，随后，由美国联邦政府出资，通过美国健康研究院进行资助，由美国杜克大学具体实施，策划在 1998～2003 年，在中国 22 个省市进行 1 万个中国高龄老人的血样采集，进行中国老人的遗传基因研究。20

世纪 90 年代，在广东深圳、东莞等地，有一些日本人办的企业，日方老板要求中国打工者定期进行体检，进行抽血。但打工者不是到当地的医院去抽血进行体检，而是在工厂里抽血。每年要抽几次血体检，最后也不告诉你究竟有什么问题。日本工厂让中国打工者在自己厂里一年抽几次血究竟为什么？这个问题直到今天也没有答案。1997 年，美国《科学》杂志报道说，美国某公司获取了我国某山村哮喘病家族的致病基因，随后又大肆宣扬该基因的价值如何，以达到其商业目的。遗憾的是，该公司是如何从这个小山村中盗走该基因的，我们至今尚不明白（图 10－3）。1999 年 1 月，美国某公司开始了大规模攫取我国基因资源的行动。在中国台湾，该公司得到了政界和商界的大力支持，计划投资 1 亿美元，建立台湾的生物基因资源序列资料库。2000 年 1 月，在中国大陆，该公司收购了某生物技术有限公司 47% 的股份，并通过另一家公司实际控制该公司 95% 的股份。并公然声称："这一购买是将有助于扩大它的全球商务，并能获取新的遗传信息资源。获得中国富甲天下的植物、动物与人类遗传资源多样性对我公司获取遗传信息至关重要。" 2000 年 4 月，某生物技术公司未经批准，私自托人携带有关人体肿瘤组织切片及组织中珍贵的遗传资源材料，企图侥幸闯关运往国外，被海关查获。

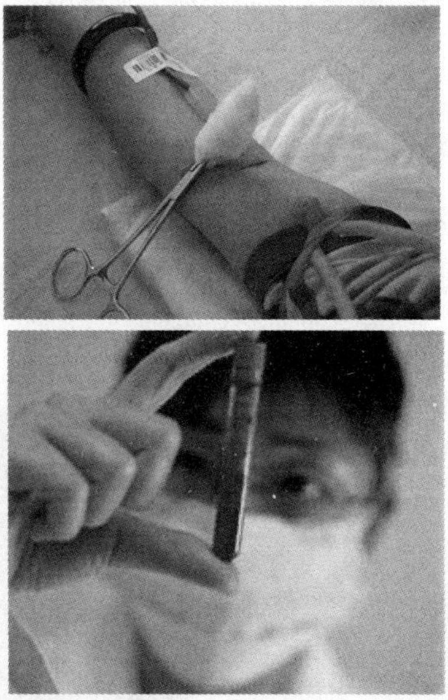

图 10－3 抽血检验

从目前的形势来看，加强对我国人体基因资源的保护具有重要的意义。国家自然科学基金委员会生命科学部主任洪德元院士严肃指出，如果任何一个与重要经济价值有关的基因资源已被别国以自主知识产权的专利形式占有，那么该资源的拥有国在此领域所享有的经济利益和权利将会长久地被剥夺，我国从此也将陷入被人牵着鼻子走的尴尬境地。因此，立法把基因资源与国宝文物同等保护，已经急不可待。

10.6　后基因组时代

人类基因组测序计划的完成，是人类科学史上的一项创举。在阅读了人类基因组全序列后，我们还想知道这些序列起什么作用？具有哪些功能？生命的整体现象是如何形成的？从此基因组研究掀开历史新篇章，一个以破译、解读、开发基因组功能信息为主要研究内容的新阶段已经展开。

基因组测序只是得到了人类基因组的遗传密码，如果不与其功能相联系，是没有多少价值的。基因如何表达，如何实现其功能是下一步研究必须回答的问题，即研究的重点将从结构基因组研究向功能基因组研究转变。基因是通过指挥蛋白质的合成来表现其生物学性状的，基因只是设计师或导演，在生命舞台上表演的是蛋白质分子，只有它才能表现生命的功能；一个研究基因功能、解析蛋白质的任务摆到了科学家面前，这就是后基因组学或称功能基因组学。后基因组时代，生物学的中心任务是解释基因组及其所包含的全部基因的功能，并在此基础上阐明有机体的遗传、进化、发育、生长、衰老和死亡等生物学问题，以及与人类健康和疾病相关的医学问题。

基因的功能最终总是由其表达产物蛋白质来实现的，因此要了解基因的全部功能，必须回到蛋白质上来。蛋白质为主体的生物大分子维系着健康机体所需要的几乎所有生命活动，如代谢、生长、运动、呼吸、免疫、物质运输、信号传导以至遗传信息的表达和调控。因此，在人类基因组测序之后进一步集中研究蛋白质的结构与功能，是揭示基因组功能的基本途径。体现生命运动本质的是蛋白质，只有搞清蛋白质的结构和功能，才抓住了生命科学研究的根本。蛋白质分子的空间结构多种多样，变幻莫测。人体中的蛋白质估计有100万种，这是一个十分庞大的分子库，搞清各种蛋白质的结构和功能，编写出“人类蛋白质组全书”，作为疾病治疗、新药研制和生命活动研究的参照，是后基因组学的重大任务。后基因组学的另外一个重要任务是阐明不同人类个体基因组在分子水平上的差异。

人类生命活动调节的化学物质大部分都是蛋白质，而蛋白质的功能却有赖于其精确的三维空间结构的形成和维持，有时由于蛋白质分子构型的细微变化，就会使传导中断或分子失活，从而引发疾病。通过蛋白质的结构和功能的研究，对蛋白质分子有了深入的了解，就可以确定细胞生病时相应蛋白质的变化，并对它进行标记，开发出快速诊断的方法。如过去对早老性痴呆的确诊，必须做几百次脊髓样品的分析，同健康人的样品进行对比，方能确诊。现在只要进行一次蛋白质鉴定分析，找出标记蛋白就能得出结论。如果将这种标记蛋白作为靶标，能大大加快治疗药物的开发。用基因组学研制新药从设计到产出应市，需要10～15年，而用后基因组学开发研制，可以缩短3～5年，这对制药公司来说就是一笔巨大的利润。后基因组学对蛋白质的开发研究，还有利于癌症的治疗。癌症的基因诊断不失为一种先进的医学手段，但找出癌症的蛋白质标记，却是更快捷的方法。这对发病率很高的卵巢癌和前列腺癌的早期诊断，有十分重要的意义。在治疗药品的个性化和提高疗效、降低副作用、确保用药安全方面，后基因组学也将大有用武之地。

结语

生物技术发展和应用的前景之广和作用之大是我们目前难以想象的。任何一个学科，要想成为主流，必须能服务大众，走进每个人的生活，IT 行业就是一个例子。而生物技术行业方兴未艾，将媲美或超过 IT 行业，成为生命力强劲的未来之星，因为它与人们的生活和生命健康息息相关，正在走进普通老百姓的生活。

如果说 21 世纪的科研是生物学的世纪，那就一点都不为过。20 世纪 50 年代，DNA 双螺旋被确定，就像推倒了生物研究多米诺骨牌的第一张。随后 RNA、蛋白质、中心法则等被相继确立，为生物研究奠定了坚实的基础。2000 年开始，小 RNA 开始浮出水面，主导了以后将近十年的基础研究。2003 年，人类基因组计划宣布初步成果，随后测序成本以比摩尔定律预测的计算机芯片发展更快的速度降价。2006 年，日本人 Yamanaka 发现了诱导性胚胎干细胞，成为又一个引领时代的新方向，吸引了大量基金和杰出的科学家。2013 年，Facebook 的扎克伯格，Google 的创立者以及其他风险投资人联合创立了生命科学突破奖，奖励那些在生命科学领域做出重大突破的科学家，每人 300 万美金。这是人类历史上最为奢华的奖励，几乎是诺贝尔奖的 3 倍。

中国的生物科研更是如雨后春笋。2005 年饶毅教授在 *cell* 上发表文章，被认为是改革开放后中国在生命科学领域取得重大突破的标志。同时一股回国潮汹涌澎湃，百人计划、千人计划、杰出青年等名头吸引了无数在国外取得重大成就的学者和学生。王晓东、施一公等一大批知名科学家回国，甚至一些外国科学家也加盟中国科研。2012 年，NIBS 的李文辉发表关于乙肝受体的原创性文章，成为本土原创性工作的里程碑。

生命科学研究如飞龙在天，让其他自然科学学科难以望其项背。生物科研的强盛带动了生物产业的发展，成为最可能实现突破的新兴领域。

生物产业市场前景光明，是一个“不用推动也能发展”的行业。日趋严峻的人口老龄化、食品安全保障、能源资源短缺、生态环境恶化等，都是生物产业发展的外在动力。同时，生物产业也是一个应用领域广泛的新兴产业，新型药物、作物新品种、绿色种植技术、生物燃料和生物发电、生物环保技术、生物基产品都在大力开发培育和推广应用之中。

近年来，全球范围内生物技术和产业呈现加快发展的态势，主要发达国家和新兴经济体纷纷对发展生物产业做出部署，作为获取未来科技经济竞争优势的一个重要领域。2012 年 6 月，美国政府发布《国家生物经济蓝图》，概要阐述了奥巴马政府未来推动生物经济的战略目标。该报告指出，美国当前生物经济的增长很大程度上来源于三大基础性技术的开发：遗传工程、DNA 测序和生物分子的自动化高通量操作。虽然这些技术还有巨大的潜力有待发挥，但一些崭新和重要的新技术或技术组合正在兴起。未来的生物经济依赖于新兴技术，如合成生物学、蛋白组学、生物信息学以及其他新技术的开发应用。美国《国家生物经济蓝图》提出了五大战略目标：一是支持研发投资，构建美国未来生物经济基础；二是加速研究发明向市场转移，明确转化活动职责，加快生物发明从实验室向市场的流动；三是改革管理政策，完善相关法规，减少监管过程中的障碍，提高管理效率，在保护人和环境健康的同时，削减成本；四是更新培训项目，将学术研究机构的激励措施与人员培训相结合，满足国家人才需求；五是促进公私合作和竞争前合作，鼓励竞争者共享资源、知识和专业技能，促使整个生物经济在更大程度上受益。

我国推动生物技术研发和产业发展已有 30 多年的历史，“十一五”以来，国务院批准发布了《促进生物产业加快发展的若干政策》和《生物产业发展“十一五”规划》，大力推进生物技术研发和创新成果产业化，一批生物科技重大基础设施相继建成，治疗性疫苗与抗体、细胞治疗、转基因作物育种、生物能源作物培育等一批关键技术取得突破，人用高致病性流感疫苗、分子诊断试剂、超级水稻、聚乳酸等一批创新产品得到推广应用。

尤其是最近几年，我国在国际人类基因组计划、水稻基因组框架图、基因测序、功能基因组研究等领域取得了令世人瞩目的成就；已有二十余种基因工程药物和疫苗上市；农业作物领域，抗虫棉种植面积已占棉花种植面积的70%，转基因水稻的研究和开发达世界先进水平。

在产业发展方面，基因治疗、组织工程、诊断试剂和芯片等医药生物领域，产业化项目大幅增加，市场融资、外资利用和国际合作取得积极进展，生物产业产值以年均22.9%的速度增长，2011年实现总产值约2万亿元，生物医药、生物农业、生物制造、生物能源等产业初具规模，出现一批年销售额超过100亿元的大型企业和年销售额超过10亿元的大品种，我国在生物技术研发、产业培育和市场应用等方面已初步具备一定基础。

现代生物产业，是指已经被列入国家战略性新兴产业，包括生物医药、生物医学工程、生物农业、生物制造、生物能源、生物环保、生物服务。去年，在全球经济不景气的大背景下，我国生物产业规模也保持了20%左右的增速，总产值达到2.4万亿元。随着城镇化和工业化大幅推进，我国面临日趋严峻的人口老龄化、食品安全保障、能源资源短缺、生态环境恶化等挑战，为保障人口健康、粮食安全和推进节能减排，亟须加快新型药物、作物新品种、绿色种植技术、生物燃料和生物发电、生物环保技术、生物基产品等开发培育和推广应用，因此，生物产业将继续呈现高增长态势。

比尔·盖茨曾预言，下一个世界首富将来自生物技术领域。在他看来，生物产业领域的重大突破必将产生巨大的经济和社会效益，此言不虚。在全球范围内，生物技术和产业正呈加快发展之势，主要发达国家和新兴经济体都纷纷部署生物产业战略，将其作为获取未来科技经济竞争优势的重要领域。

我国生物技术产业发展水平较高，基本上能跟踪世界生物技术和产业的发展趋势，是高技术领域与世界技术水平相距较小且最可能实现突破的新兴产业。我国有良好的人才基础、丰富的资源条件和充足的市场需求，在政府的支持下，我国的生物科技一定会获得快速发展，并取得世界瞩目的成果，成为全球经济模式转型的典范，我国生物产业将大有前景。

参考文献

[1] 顾方舟，卢圣栋．生物技术的现况与未来［M］．北京：北京医科大学与协和医科大学出版社，1990.

[2] 顾孝诚，陈章良，俞俊棠，等．生物技术［M］．上海：上海科学技术出版社，1995.

[3] 何忠效，静国忠，许佐良，等．生物技术导论［M］．北京：北京师范大学出版社，2002.

[4] 马大龙．生物技术制药［M］．北京：科学出版社，2001.

[5] 宋思扬，楼士林．生物技术概论［M］．北京：科学出版社，1999.

[6] 瞿礼嘉，顾红雅，胡苹，等．现代生物技术导论［M］．北京：高等教育出版社，1998.

[7] 朱圣康，陈章良，林稚兰，等．生物技术［M］．上海：上海科学技术出版社，1998.

[8] 周永春．迈向二十一世纪的生物技术产业［M］．北京：学苑出版社，1999.

[9] 贺林．解码生命——人类基因组计划和后基因组计划［M］．北京：科学出版社，2000.

[10] 吴乃虎．基因工程原理［M］．北京：科学出版社，2001.

[11] 何忠效，静国忠，许佐良，等．现代生物技术概论［M］．北京：北京师范大学出版社，1999.

[12] 阎隆飞，孙之荣．蛋白质分子结构［M］．北京：清华大学出版社，1999.

[13] 周海梦，王洪睿．蛋白质化学修饰［M］．北京：清华大学出版社，1998.

[14] 胡彦营，王传美．胚胎干细胞技术的研究进展［J］．生物技术通报，2007，4（1）：90－94.

[15] 王娟，陈旭，林家逊，等．单克隆抗体技术在天然药物研究中的应用［J］

. 中华中医药杂志，2010，25（8）：1280－1282.
[16] 许保疆，游一，郭成留，等．单克隆抗体在农业和医学上的应用［J］. 中国畜牧兽医，2010，37（7）：86－89.
[17] 孔君，刘箐，韩跃武，等．单克隆抗体制备技术的最新进展及应用前景［J］. 免疫学杂志，2011，27（2）：170－173.
[18] 何志旭．干细胞技术及其应用进展［J］. 中华肿瘤防治杂志，2006，13（8）：1－4.
[19] 徐永华．动物细胞工程［M］. 北京：化学工业出版社，2003.
[20] 王关林，方宏筠．植物基因工程［M］. 北京：科学出版社，2002.
[21] 胡军．酶技术发展与酶定向进化［J］. 工业微生物，1999，29（4）：37－42.
[22] 居乃琥．酶工程研究和酶工程产业的新发展［J］. 食品与发酵工业，2000，26（4）：38－43.
[23] 梁世中．生物工程设备［M］. 北京：中国轻工业出版社，2002.
[24] 肖海军．固定化酶及其应用研究进展［J］. 生物学通报，2001，36（7）：9－10.
[25] 袁勤生．现代酶学［M］. 上海：华东理工大学出版社，2001.
[26] 郑金波．酶学检测在临床上的应用研究分析［J］. 中国卫生产业，2013，08：172－173.
[27] 杨秀云，梁凤，张巍，等．葡萄糖生物传感器检测方法的研究进展［J］. 应用化学，2012，12（29）：1364－1379.
[28] 姚轶俊．生物酶在食品工业中的应用［J］. 中国粮油学报，2011，01：124－125.
[29] 曹友生，刘仲敏．现代工业微生物学［M］. 长沙：湖南科学技术出版社，1998.
[30] 储炬，李友荣．现代工业发酵调控学［M］. 北京：化学工业出版社，2002.
[31] 顾觉奋．抗生素［M］. 上海：上海科学技术出版社，2001.

[32] 施巧琴，吴淞刚．工业微生物育种［M］．北京：科学出版社，2003.
[33] 吴剑波．微生物制药［M］．北京：化学工业出版社，2002.
[34] 严希康．生化分离工程［M］．北京：化学工业出版社，2001.
[35] 俞俊棠，唐孝宣，邬行彦，等．新编生物工艺学［M］．北京：化学工业出版社，2003.
[36] 陈志南，刘民培．抗体分子与肿瘤［M］．北京：人民军医出版社，2002.
[37] 董志伟，王琰．抗体工程［M］．北京：北京医科大学出版社，2002.
[38] 卢圣栋．生物技术与疾病诊断——兼论人类基因治疗［M］．北京：化学工业出版社，2002.
[39] 罗超权．基因诊断与基因治疗进展［M］．郑州：河南医科大学出版社，2000.
[40] 杨柳燕，肖琳，顾宇飞，等．环境微生物技术［M］．北京：科学出版社，2003.
[41] 郭葆玉．基因工程药物［M］．上海：第二军医大学出版社，2000.
[42] 孙树汉．核酸疫苗［M］．上海：第二军医大学出版社，2000.
[43] 谭天伟，黄留玉，苏国富，等．分子生物学与生物技术［M］．北京：化学工业出版社，2003.
[44] 吴立军．天然药物化学［M］．北京：人民卫生出版社，2003.
[45] 熊宗贵．生物技术制药［M］．北京：高等教育出版社，2003.
[46] 司书毅，姜威，白硕可．微生物药物研究进展与发展趋势［J］．中国医药生物技术，2011，6（2）：81－83.
[47] 陈永福．转基因动物［M］．北京：科学出版社，2002.
[48] 褚晓红．动物转基因技术研究进展［J］．浙江农业学报，2003，15（1）：47－52.
[49] 杜娟，王罡．转基因植物生产口服疫苗的研究进展［J］．吉林农业科学，2003，28（2）：51－54.
[50] 胡以平，曾溢滔．后基因组时代的基因工程小鼠［J］．第二军医大学学报，2003，24（2）：117－119.

[51] 李海华，陈英，等．精子载体转基因的研究进展［J］．中国畜牧兽医，2003（5）：23－24.

[52] 李树峰，曹允考，郝丽，等．抗冻蛋白的研究进展及其应用［J］．东北农业大学学报，2003，34（1）：90－94.

[53] 唐朝荣，孙福在，赵廷昌．利用细菌冰核基因构建促冻杀虫基因工程菌［J］．科学通报，2003，48（1）：64－69.

[54] 王建纲，夏乐先，刘晓辉．生物抗菌肽研究进展［J］．生物技术通报，2003（2）：26－28.

[55] 严泉剑，李六金．动物转基因与核移植技术的新进展［J］．动物医学进展，2003（5）：23－24.

[56] 朱至清．植物细胞工程［M］．北京：化学工业出版社，2003.

[57] 陈乃用．生物技术与转基因食品安全性的争论［J］．食品与发酵工业，2001，27（4）：53－59.

[58] 方辉．转基因食品的发展现状及其安全性评价［J］．西北植物学报，2003，23（4）：688－69.

[59] 李书国，陈辉，庄玉亭．基因工程在食品工业中的应用［J］．粮食与油脂，2001，7（2）：7－9.

[60] 彭志英．食品生物技术［M］．北京：中国轻工业出版社，1999.

[61] 殷丽君，孔瑾，李再贵．转基因食品［M］．北京：化学工业出版社，2002.

[62] 周晓云．酶技术［M］．北京：石油工业出版社，1995.

[63] 李浩然，冯雅丽．微生物冶金的新进展［J］．冶金信息导刊，1999（3）：29－33.

[64] 陶朴良，张无敌，宋洪川．沼气发酵综合利用的现状与发展趋势［J］．新能源及工艺，2001（5）：9－11.

[65] 赵玉梅．发展乙醇汽油的意义及乙醇汽油的试用推广［J］．国际石油经济，2003（6）：49－64.

[66] 黄国强，李慧钢，李凌．地下水有机污染的原位生物修复进展［J］．化工

进展，2001，108.

[67] 刘彩萍，叶成梅．浅谈活性污泥生物相的观察在生产中的应用［J］．中国市政工程，2002，(1)：71－72.

[68] 夏北成．环境污染物生物降解［M］．北京：化学工业出版社，2002.

[69] 张丽，贺启环．高效菌活性污泥法处理分散染料废水实验研究［J］．环境工程，2002，20（1）.

[70] 杨杰．微生物冶金的发展趋势［J］．新疆有色金属，2012，05：60.

[71] 李樊，刘义，孙伟峰，等．利用微生物治理重金属污染的几种途径［J］．生物技术通报，2010，09：48－50.

[72] 陈竺．基因组研究：现代医学的福音［J］．中国实验诊断学，2001，5(1)：4－5.

[73] 陈竺，强伯勤，方福德．基因组科学与人类疾病［M］．北京：科学出版社，2001.

[74] 强伯勤．人类基因组计划与医学科学发展［J］．科学技术与工程，2002(1)：5－7.

[75] 矫艳春，刘云龙．人类基因组计划及基因掠夺［J］．生物学杂志，2002，2(17)：46－47.

[76] 王谦，罗长坤．人类基因组计划推动下的美国生物医药技术发展及启示［J］．中国科学基金，2002，16（2）：88－91.

[77] 高崇明，张爱琴．生物伦理学［M］．北京：北京大学出版社，1999.

[78] 国家环保总局．中国国家生物安全框架［M］．北京：中国环境科学出版社，2000.

[79] 贾士荣．转基因作物的安全性争论及其对策［J］．生物技术通报，1999(6)：1－7.

[80] 刘标，薛达元．国际生物安全立法的进展及焦点问题［J］．农村生态环境，1998，14（2）：45－48.

[81] 刘谦，朱鑫泉．生物安全［M］．北京：科学出版社，2002.

[82] Tucker G A，Woods L F J. 酶在食品加工中的应用［M］．李雁群，肖功年，

译．北京：中国轻工业出版社，2002.

[83] Abola E, *et al.* Nature Structural Biology, 2000, 7: 973.

[84] Ahuja S. Handbook of Bioseparations [M]. San Diego: Academic Press, CA2000.

[85] Asenjo J A. Separation processes in Biotechnology [M]. New York: Marcel Dekker, 1990.

[86] Baldwin R L, Rose G D. Is protein folding hierarchic? I. Local structure and peptide folding. Ⅱ. Folding intermediates and transition states. Trends Biochem Sci., 1999, 24: 26-33, 77-83.

[87] Demodena, J. A. Biotechnology [M]. 1993, 11: 926.

[88] Dennison C. A Guide to Protein Isolation [M]. Dordrecht: Kluwer Academic Publishers, 1999.

[89] Ermain R N. The art of probable: System control in the adaptive immunesystem [J]. Science, 2001, 293: 240.

[90] Gordon J W, Scangos G A, Ploskin D J. Genetic transformation of mouse embryo by microinjection of purified DNA. *Proc Natl Acad Sci USA*, 1980, 77: 7380-7384.

[91] Greory A P, Inna G O, Kenneth L J. The role of mass spectrometry in vaccine development [J]. Vaccine, 2001, 19: 2692.

[92] Hesse F, Wagner R. Developments and improvements in the manufacturing of human therapeutics with mammalian cell cultures [J]. Trends Biotechnol, 2000, 18 (4): 173.

[93] Jean A, Meeta P. Commercial molecular diagnostics in the U. S.: The Human Genome Project to the clinical laboratory [J]. Human Mutation. 2002, 19 (4): 324-333.

[94] Kolb AF, Pewe L, Webster J, et al. Virus-neutralizing monoclonal antibody expressed in milk of transgenic mice provides full protection against virus-induced encephalitis. J Virol, 2001, 75 (6): 2803-2809.

[95] Lewin, B. Genes VII [M]. Oxford: Oxford University Press. 2000.

[96] Mckee, T. and Mckee, J.. Biochemistry: An introduction 2th ed. (影印版), 北京：科学出版社，2000.

[97] Naoko O, Mariekie G, Kevin B. H, et al. Enumeration and Characterization of Acidophilic Microorganisms Isolated from a Pilot Plant Stirred – Tank Bioleaching Operation [J]. Applied and Environmental Microbiology. 2003, 69: 1936 – 1943.

[98] Poirier, Y. Green chemistry yields a better plastic [J]. Nature Biotechnology. 1999.

[99] P. McGuffin. Post genomic psychiatry: the effect of the human genome project on clinical practice [J]. European Psychiatry, 2002, 17 (sup1) 1 – 1.

[100] Sommer C A, Stadtfeld M, *et al.* Induced plurirotent stem cell generation using a single lentiviral stem cell cassette. Stem Cells, 2009, 27: 543 – 549.

[101] Shu C H, Yang S T. Biotechnol. Bioeng. 1990, 35 (5): 454 – 468.

[102] Sprent J, Tough D F. T cell death and Memory [J]. Science, 2001, 293: 245.

[103] Takahashi K, Yamanaka S. Induction of pluripotent stem cells from mouse embryonic and adult fibroblast cultures by defined factors. Cell, 2006, 126: 663 – 676.

[104] Takahashi K, Tanabe K, et al. Induction of pluropotent stem cells from adult human fibroblasts by defined factors [J]. Cell, 2007, 131: 861 – 872.

[105] Woolfson D N. Current Opinion in Structure Biology, 2001, 11: 464 – 471.

[106] Zinkernagel R M, Hengartner H. regalation of the Immune Response by Antigen [J]. Science, 2001, 293: 251.

后 记

随着生物技术的快速发展，生物技术的威力正在显现，生物技术的成果正在被人们分享，如何向大众宣传普及现代生物技术知识，提高广大读者对生物技术的了解和认识，已成为生物科技工作者面临的新课题。为此，河南省科学技术协会组织了生物技术领域的有关专家、学者编著了该书，旨在于满足向公众宣传普及科技知识的需要。该书从多个视角向读者系统地介绍了生物技术的概念、方法、发展趋势，及其在工业、农业、医药、食品、能源、环境等领域中的应用。

在本书的编著过程中，我们充分考虑了该书的科普性和语言的通俗性，还注重了生物技术知识的全面性和系统性，强调了内容的实用性、先进性和新颖性。在内容选择和写作方法上，我们力求做到：理论可靠、题材新颖、结构精炼、涉猎广泛、语言简洁、论述清晰、通俗易懂、深入浅出、图文并茂、活泼生动。

本书可作为面向社会广大读者的科普读物，还可作为医药、食品、农业、环保、化工等行业科研、生产和管理人员的参考书。

由于生物技术方兴未艾，尚在发展之中；加之作者编写科普著作经验有限，书中疏漏之处，真诚希望广大读者提出宝贵意见与建议。